GRAPHIC SCIENCE MAGAZINE ニュートン
Newton

本当に感動する
サイエンス
超入門!

138億年のミステリー

# 宇宙はどうやってつくられたのか

JN221954

監修／吉田直紀
東京大学大学院教授

# はじめに

この世に生をうけた人は、いつかその生命を終えるときが必ずやってきます。そして私たちが存在するこの宇宙にも「はじまり」と「終わり」があると考えられています。

そもそも、宇宙はいったいどのようにして誕生したのでしょう。多くの研究者は、宇宙誕生のシナリオを「宇宙は１３８億年前に誕生し、すさまじい急膨張を経て現在の広大な宇宙になった」と考えています。しかし急膨張以前の宇宙がどのような世界だったのか、宇宙がどのように誕生したのかは、さまざまな仮説がとなえられており、よくわかっていません。

誕生した直後の宇宙はごくごく小さな点でしかありませんでした。そこから約１３８億年をかけて、星や銀河であふれる現在の宇宙がつくられました。

この宇宙はずっとこのままの姿で存在しつづけるわけではありません。宇宙の未来や終わりについても多様なシナリオが考えられているのです。それは「宇宙はほとんど空っぽになってしまう」、「宇宙全体が1点につぶれてしまう」、「宇宙はいったん死をむかえ、新しい宇宙に生まれかわる」など、私たちの想像を超えるものばかりです。

本書では、宇宙の成り立ちを軸に、太陽系や銀河といった天体、そして宇宙の〝生涯〟について紹介していきます。第1章では私たちが暮らす天の川銀河や、宇宙の広大さ、アインシュタインの予測を裏切った宇宙膨張など、現在の宇宙の姿について説明します。第2章では、宇宙の誕生や宇宙初期の「ビッグバン」、そして星や銀河の誕生など、「宇宙の歴史」に焦点を当てます。

第3章では、この宇宙に普通の物質（原子）の約5倍もの質量があるとされているにもかかわらず、いまだ直接とらえられていない「ダークマター」と、その正体は天文学の最大級の謎といわれている「ダークエネルギー」にせまります。これらの謎の存在が、宇宙の成り立ちに大きく関わっていると考えられています。

第4章では「宇宙はどこまで広がっているのか」という問題を考えていきます。マルチバース（多宇宙）や、私たちの宇宙はなぜ人間にちょうどよいのかについて、解説していきます。そして第5章では、宇宙が膨張しつづけた先にはどのような未来があるのか、そのおどろきの宇宙像を紹介します。

本書とともに、人類が大昔から問いつづけてきた〝究極の謎〟をめぐる旅を、どうぞお楽しみください。

# 目次

## 第3章／ダークマターとダークエネルギーの謎

## 第5章／天体時代と宇宙の終わり

# 第1章

# 宇宙はどれだけ広いのか

## 望遠鏡の発達とともに解き明かされてきた「宇宙の謎」

私たちの太陽系は、「天の川銀河」という無数の星たちの集団の中にあります。しかし、その天の川銀河でさえも、この宇宙に無数にある銀河の一つでしかありません。いったい宇宙はどれほど広いのでしょうか。宇宙の姿や、宇宙の過去と未来など、宇宙の成り立ちを研究する学問を「宇宙論」といいます。本書では最新の宇宙論をもとに、まだまだ謎に満ちた宇宙について、解説していきます。

まずは、ごく簡単に天文学の歴史からお話ししましょう。古くから、宇宙とはどのようなものなのかという探求がなされてきました。今から2000年近く前、エジプトの科学者、プトレマイオスは、地上から見える惑星の動きなどを分析し、地球を中心に宇宙はまわっているとする「天動説」をとなえます。彼は火星や木星などの惑星が、地球のまわりを小さな円をえがきながらまわっていると考えました（図1－1）。プトレマイオスの天動説は惑星の運動をうまく説明できたため、1000年以上にわたり支持されていました。

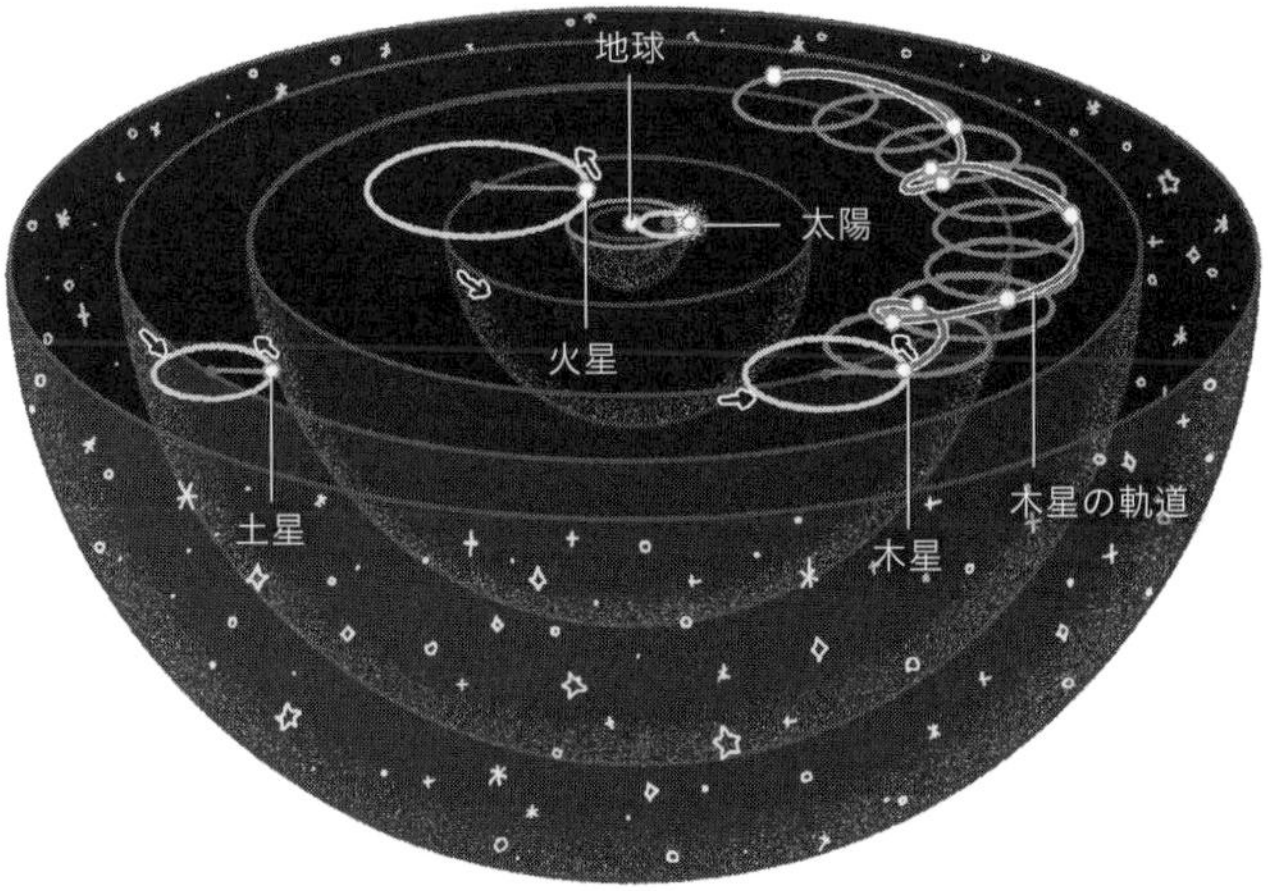


**図1-1.　プトレマイオスの「天動説」**

プトレマイオスは火星や木星などの惑星が、地球のまわりを小さな円をえがきながらまわっていると考えた。

16世紀になると、この天動説とはことなる考え方が提案されます。天文学者のニコラウス・コペルニクス（1473〜1543）がくわしい天体観測から、地球は宇宙の中心ではなく、ほかの惑星と同じように太陽のまわりを公転していると考えたのです（図1－2）。このような考え方を「地動説」といいます。地動説は天動説よりもシンプルに惑星などの動きを説明することができました。しかし当時の最高権力であった教会が天動説を支持していたこともあり、地動説はな

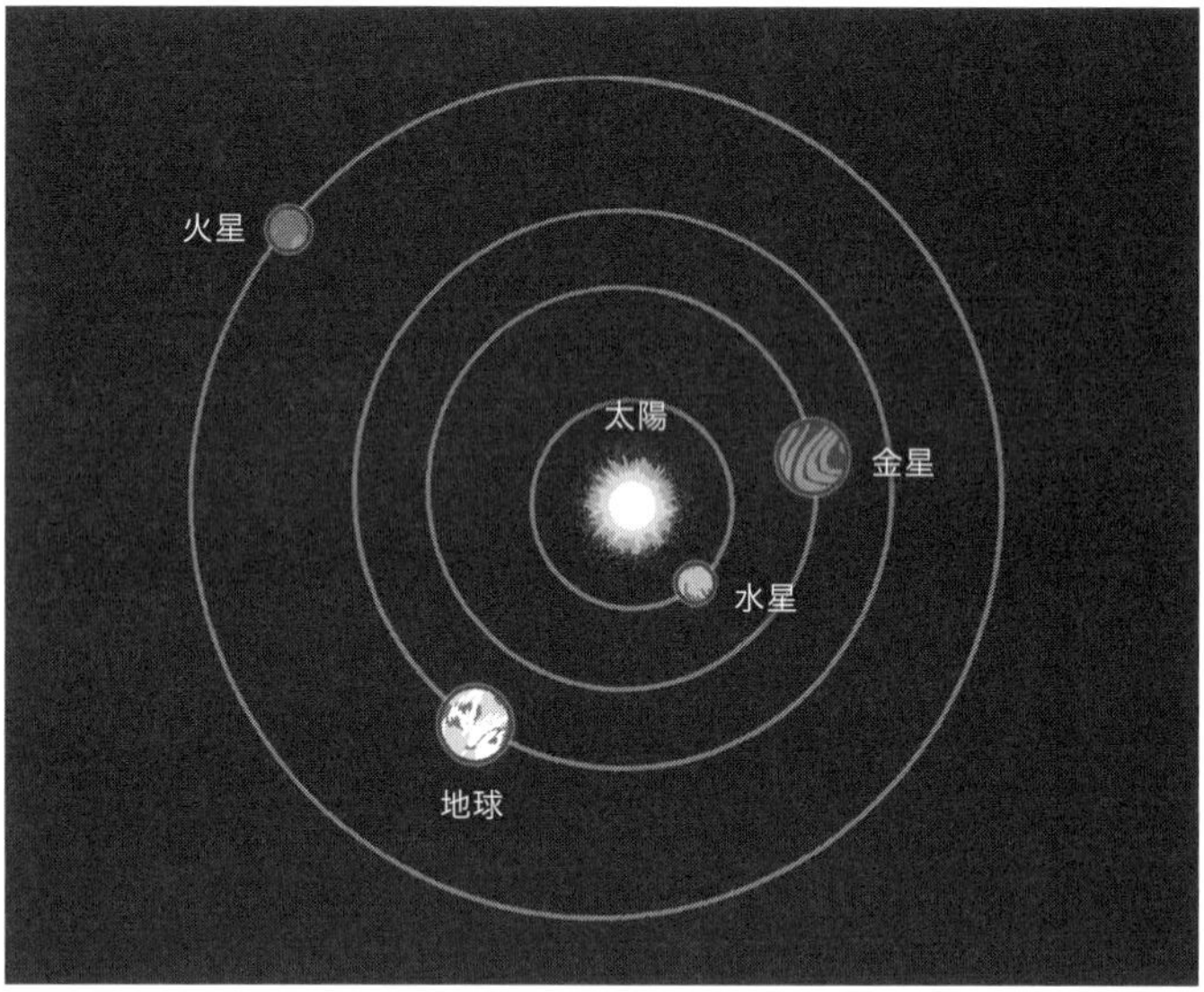


**図1-2.　ニコラウス・コペルニクスの「天動説」**

ニコラウス・コペルニクスは、地球は宇宙の中心ではなく、太陽のまわりを公転していると考えた。

かなか受け入れられませんでした。

そのような中、17世紀初頭に天文学の革命的存在となる「望遠鏡」がついに発明されます。望遠鏡が発明されてほどなく、イタリアの物理学者・天文学者のガリレオ・ガリレイ（1554〜1642、図1−3）は、口径（光を集めるレンズの直径）4センチメートルの望遠鏡を自作しました。そしてガリレオは望遠鏡を夜空に向け、単なる球体だと思われていた月の表面が凸凹して

**図1-3.　ガリレオ・ガリレイ**

いること（クレーター）や、木星のまわりをまわる四つの衛星など、数々の大発見をします。

さらにガリレオは、望遠鏡による詳細な天体観測を行い、天動説を否定する事実を発見したのです。また、ほぼ同時代にドイツの天文学者ヨハネス・ケプラー（１５７１～１６３０）や、イギリスの科学者アイザック・ニュートン（１６４２～１７２７）らによって数学的にも地動説が支持されました。こうして現在では常識とされている地動説が受け入れられるようになったのです。

ただ、ガリレオは地動説をとなえたことで教会の強い反発にあい、宗教裁判にかけられて有罪判決をいい渡されてしまいます。教会が誤りを認めたのは、ガリレオの死後３５０

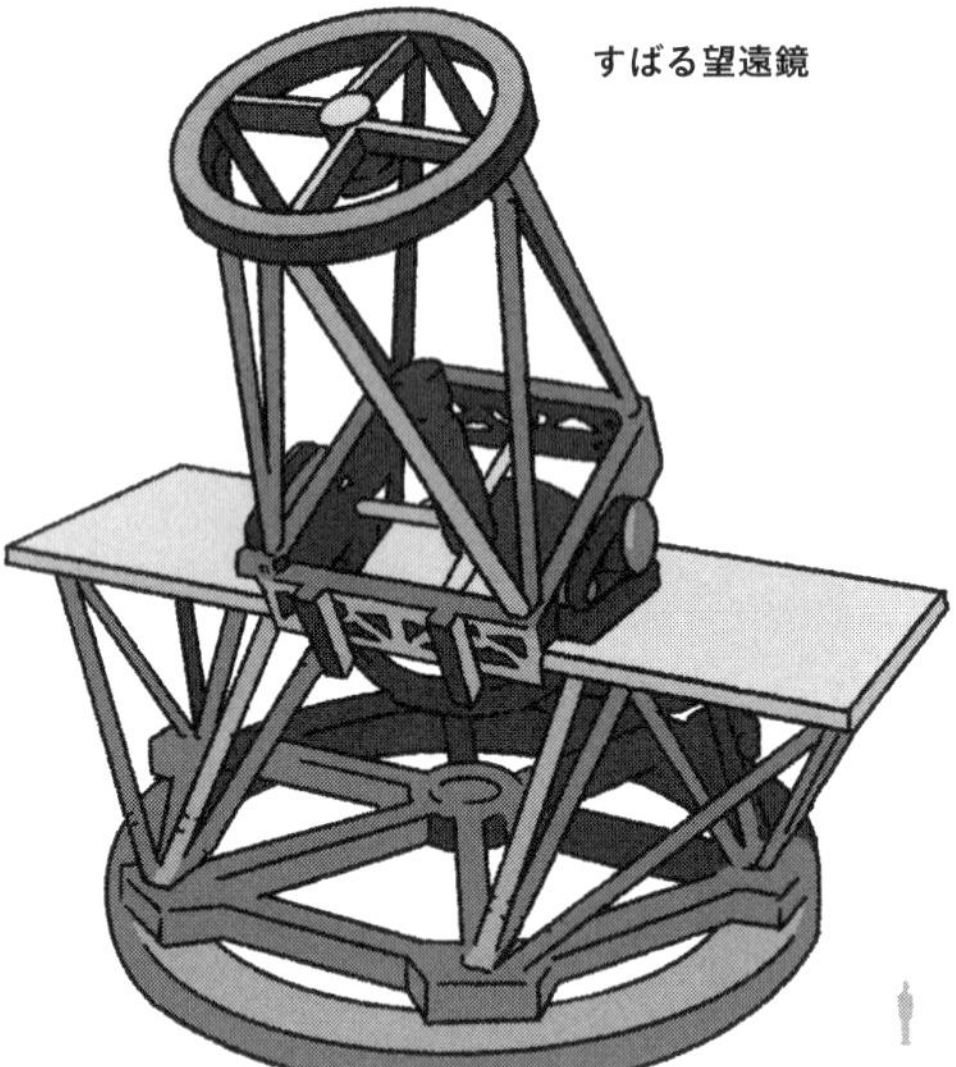


図1-4.　すばる望遠鏡

年もたってからでした。

望遠鏡の発明以後、神秘のベールに包まれていた天上の世界は、科学の力によって次々に解明されていきました。宇宙のさまざまな謎は、望遠鏡の発達とともに解明されてきたのです。

遠くの宇宙を探るため、時代とともに望遠鏡は大型化していきます。20世紀初頭、アメリカ、ウィルソン山天文台のフッカー望遠鏡は口径2・5メートルに達しました。この望遠鏡は人類の宇宙観を大きく変える成

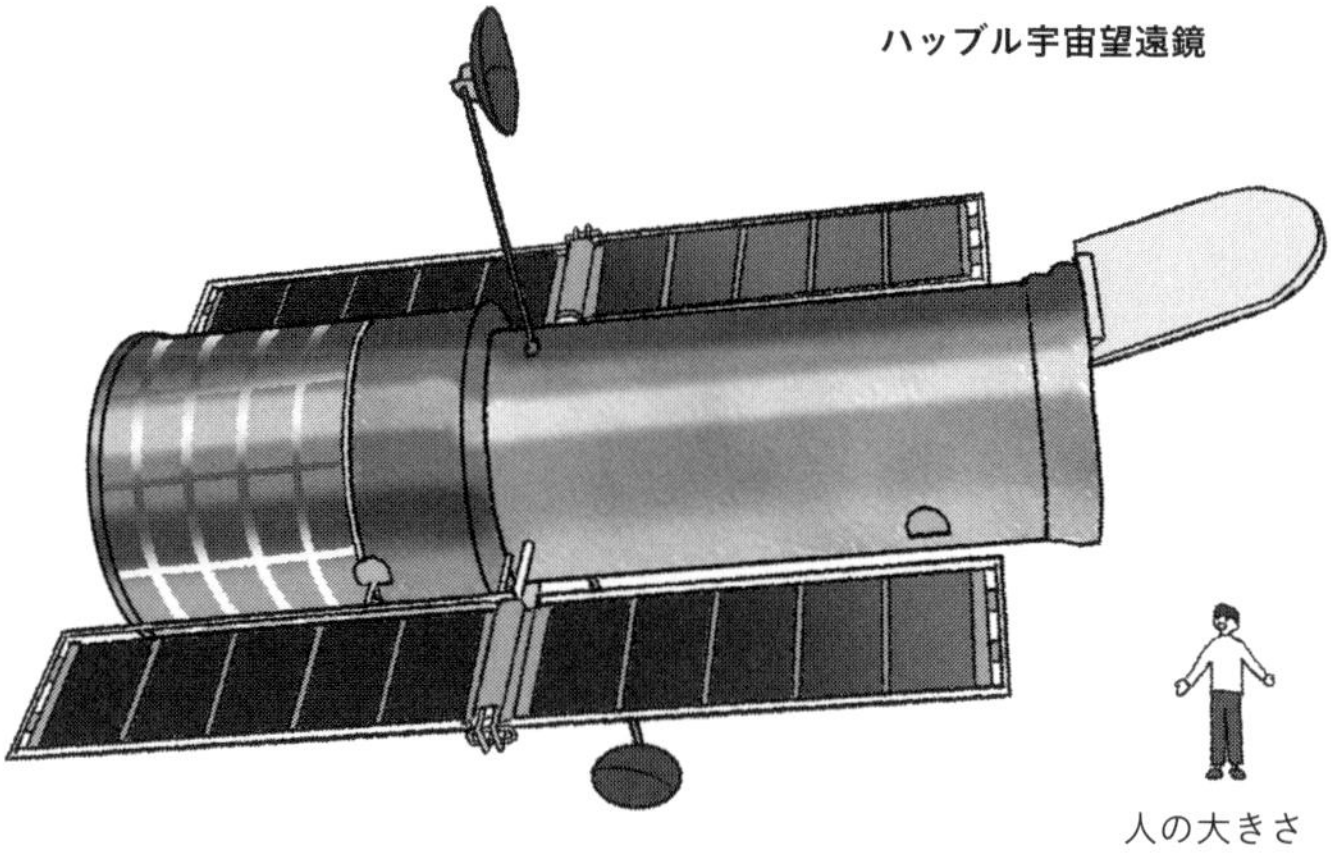


図1-5.　ハッブル宇宙望遠鏡

果をあげますが、くわしくは後ほど紹介します。そして現在、世界最大級の望遠鏡である日本の「すばる望遠鏡」（ハワイ）は、口径8・2メートルにもおよびます。（図1－4）。

さらに現在では数多くの望遠鏡が宇宙に打ち上げられ、宇宙を観測しています。最も有名なのはNASA（アメリカ航空宇宙局）の「ハッブル宇宙望遠鏡」（口径2・4メートル）です（図1－5）。地球の大気に邪魔されない宇宙で観測を行うことで、宇宙や天体の成り立ちにせまる数々の発見をしてきました。

## 宇宙の距離の単位「光年」

図1-6.　太陽から太陽系の惑星までの距離

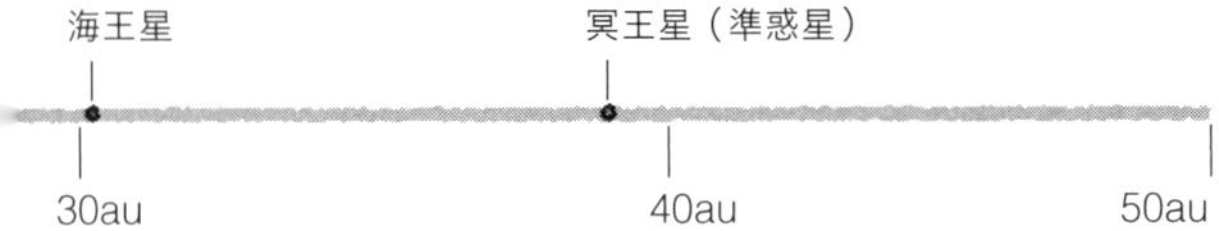


ここで、宇宙について学ぶうえで欠かせない基本事項、「距離の単位」について説明しましょう。宇宙はあまりに広大ですので、距離をあらわすのに「キロメートル」といった日常的な単位では不便です。そこで、宇宙について考えるには大きな距離をあらわす単位が必要になってきます。

まず、太陽系の中について考えるときには「天文単位」という単位がよく使われます。1天文単位は「地球と太陽の平

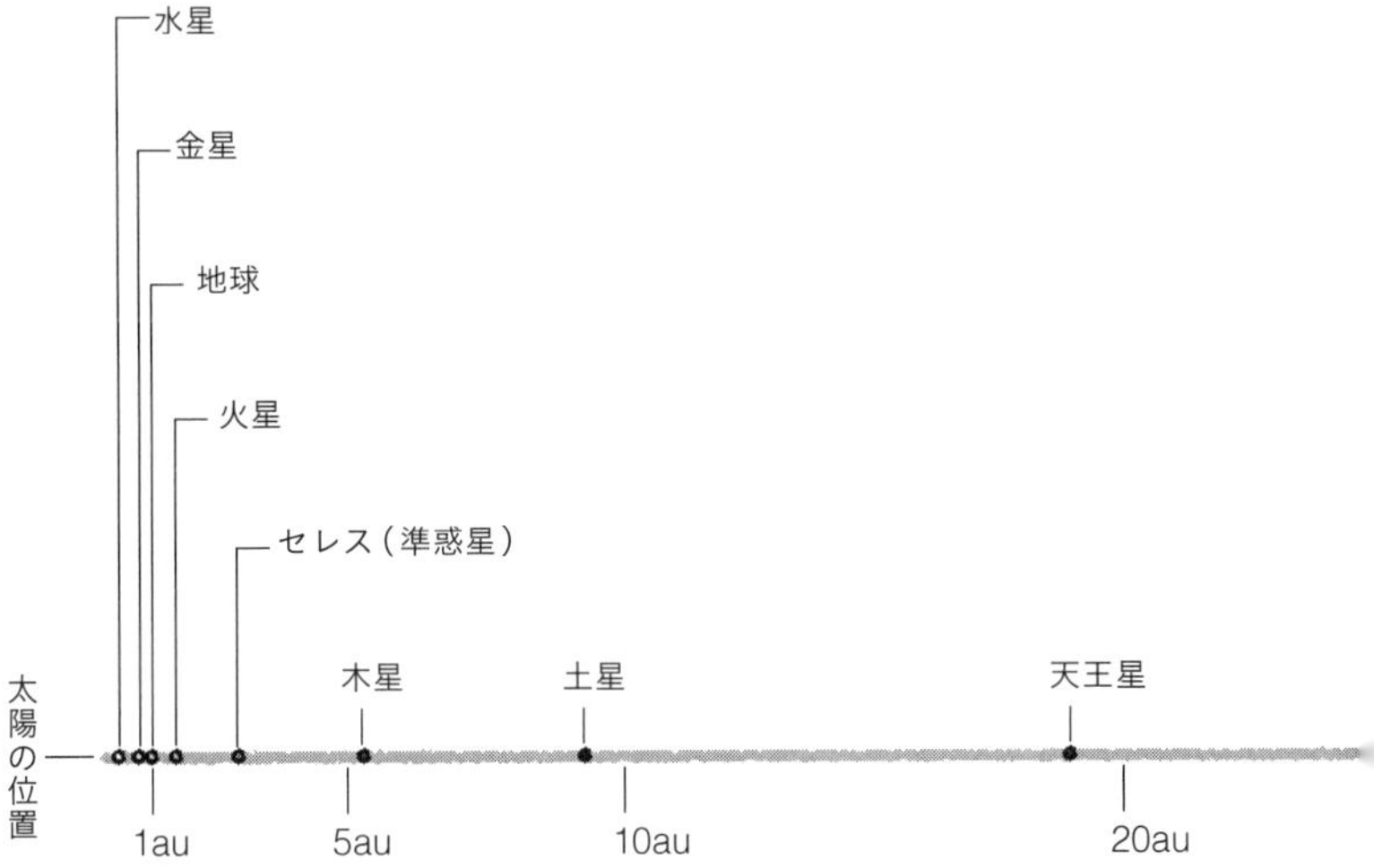


均距離」のことで、約1・5億キロメートルに相当します。天文単位は「ａｕ」ともあらわします。

たとえば太陽系で最も外側に位置する惑星、海王星は太陽から約30天文単位（30ａｕ）はなれています（図1－6）。キロメートルになおすと1・5億×30で、45億キロメートルということですね。

天文単位は普段使っているキロメートルなどの単位よりもとんでもなく大きな単位です。しかし太陽系の外を考えはじめると、やはり距離が大きすぎて天文単位ですらも使いづらくなります。そこで用いられるのが「光年」という単位です。光年といいますが、これは時間の単位ではなく「距離の単位」です。

光年とは、ある地点から発した光が1年かけて到着する地点までの距離のことで、１光年は約９兆４６００億キロメートルに相当します。

あまりにも数字が大きすぎて、イメージがわかないかもしれませんね。光年であらわされた距離を実感するにはまず、光の速度を理解する必要があるでしょう。光は真空中を秒速約30万キロメートルの速さで進みます。地球の直径が約１万２８００キロメートルですので、光は１秒間で地球23・５個分の距離を進むことになります。円周で換算すると、地球約７周半に相当します。

もっと身近な例をあげると、東京から大阪（４００キロメートルとして計算）までは、光はわずか１０００分の１・３秒で到達する計算になります。

ここまで速い光をもってしても、宇宙に目を移すと、天体間を移動するのに時間がかかります。たとえば、太陽と地球の間では、約８分かかります。つまり太陽と地球の距離は８光分と表現できるわけです。なお、仮に太陽まで時速２００キロメートルの新幹線で旅行できた場合、86年かかってしまいます。

太陽の次に地球に近い恒星は「ケンタウルス座プロキシマ星」です。地球からこのケンタウルス座プロキシマ星までは、光の速度で4年かかります。つまり4光年先にあるわけです。新幹線では何と約2200万年もかかる計算になります！　宇宙はとんでもなく広大なのですね。

## 私たちの銀河を内側から見た姿「天の川」

距離の単位をおさえたところで、いよいよ私たちが暮らすこの宇宙が、いったいどのような構造をしているのかせまっていきましょう。

宇宙の構造を解き明かすうえで非常に重要になったのが、夜空に川のように見える天の川です。あの織姫と彦星の伝説のある天の川です。

なぜ天の川は夜空に明るく輝いて見えるのでしょうか。それは天の川にはたくさんの星たちが集まっているからです。天の川が無数の星たちの集まりであることを明らかにしたのはガリレオです。ガリレオは1609年、その前の年に発明されたばかりの望遠鏡を夜空に向け、天の川が単なる光の帯ではなく、輝く無数の星の集団であることを明らかにしました。

では、なぜ無数の星たちがまるで川のように帯状に集まっているのでしょうか。それには、理由があります。そもそも私たちには、星は夜空（天球）というスクリーンに貼りついたように見えますから、すべての天体は同じ距離にあるように感じます。しかし実際は、夜空に広がる星たちと地球の間の距離はさまざまです。したがって天の川を構成する星たちも、川のように並んでいるわけではなく、さまざまな距離にあります。ですので、天の川の本当の姿を知るには、個々の星までの距離をはかり、天の川の〝立体地図〟をつくらなければなりません。

イギリスの天文学者、ウィリアム・ハーシェル（1738〜1822）は、天体までの距離測定法が確立されていない当時、「星が多く見える夜空の領域は、遠くまで星が広がっているはずだ」と考えました。この仮定は必ずしも正しいわけではありませんでしたが、ハーシェルは夜空のさまざまな領域で星の数をかぞえ、1785年、天の川が「円盤状の星の集団」であることを明らかにしました。さらにその後、天体までの距離が実際にはかられ、天の川の円盤状の構造がよりくわしくわかるようになりました。

そして私たちは円盤状に広がる天の川の星たちの集団の中にいることが明らか

**図1-7.　天の川銀河の想像図**

になりました。この私たちを取り囲む星たちの集団を、冒頭でふれたように「天の川銀河」といいます。

　図1－7は現在明らかになっている天の川銀河の想像図です。私たちは円盤状の天の川銀河の中にいるため、地上からは天の川銀河の星々が、まるで川のような白い帯として見えていたわけです。

　天の川銀河には1000億～数千億個の恒星が集まっているといわれています。その一つが、私たちになじみが深

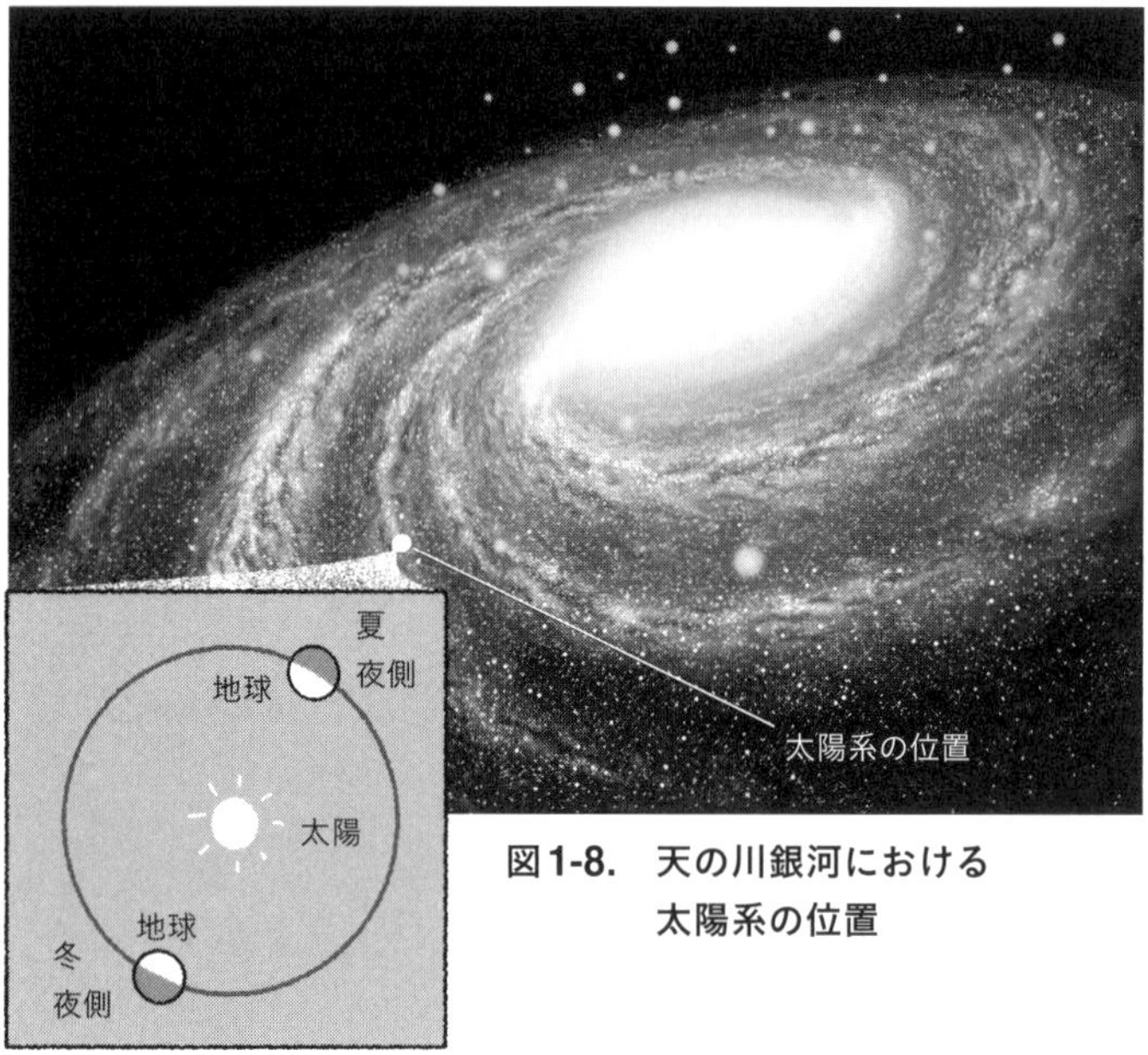


**図1-8. 天の川銀河における太陽系の位置**

い太陽です。私たちにとって太陽はとても大きな存在ですが、天の川銀河全体で見ると、たった数千億分の1の存在でしかありません。

太陽は天の川銀河の中心から、かなりはなれた場所に位置しています（図1−8）。

天の川銀河の円盤の直径はおよそ10万光年で、円盤の厚さは太陽系のあたりで約2000光年です。ちなみに新幹線ですと、天の川銀河の中心から太陽系まで行くのに、何と5400億年もかかってしまう計算になります。いうなれば私たちは〃天の川銀河の郊外〃に住んでいるのです。なお、夏に天の川が明るくはっきりと見えるのは、夏の夜空は銀河の中心方向を向いていて、輝く星がたくさんあるためです。

## 天の川銀河の中心にあるブラックホール

天の川銀河の構造をもう少しくわしく紹介しておきましょう。天の川銀河は、まるで〃目玉焼き〃のように、中央がふくらんだ円盤状になっています。その黄身にあたる部分、すなわち中心にある少しふくらんだ構造は「バルジ」とよばれます。

バルジは年老いた黄色い星が多くあり、とくに明るく輝いています。天の川銀河のバルジは完全な球状というより、やや細長い棒状の形をしています。そしてバルジからは2本の〃腕〃がのびていて、その腕は「ペルセウス腕」と「たて・ケンタウルス腕」とよばれています。これらの腕がらせんをえがいて、目玉焼きの白身にあたる円盤状の構造をつくっています（図1－9）。

**図 1-9.　バルジの構造**

バルジの中心には、超巨大ブラックホールがあると考えられています。ブラックホールは重力がとてつもなく大きな天体で、一度中に入ると光さえも出てくることはできません。天の川銀河の中心にあるブラックホールは非常に巨大で、その質量は、何と私たちの太陽のおよそ400万倍もあると見積もられています（図1－10）。

銀河の中心にあるブラックホールについてはまだま

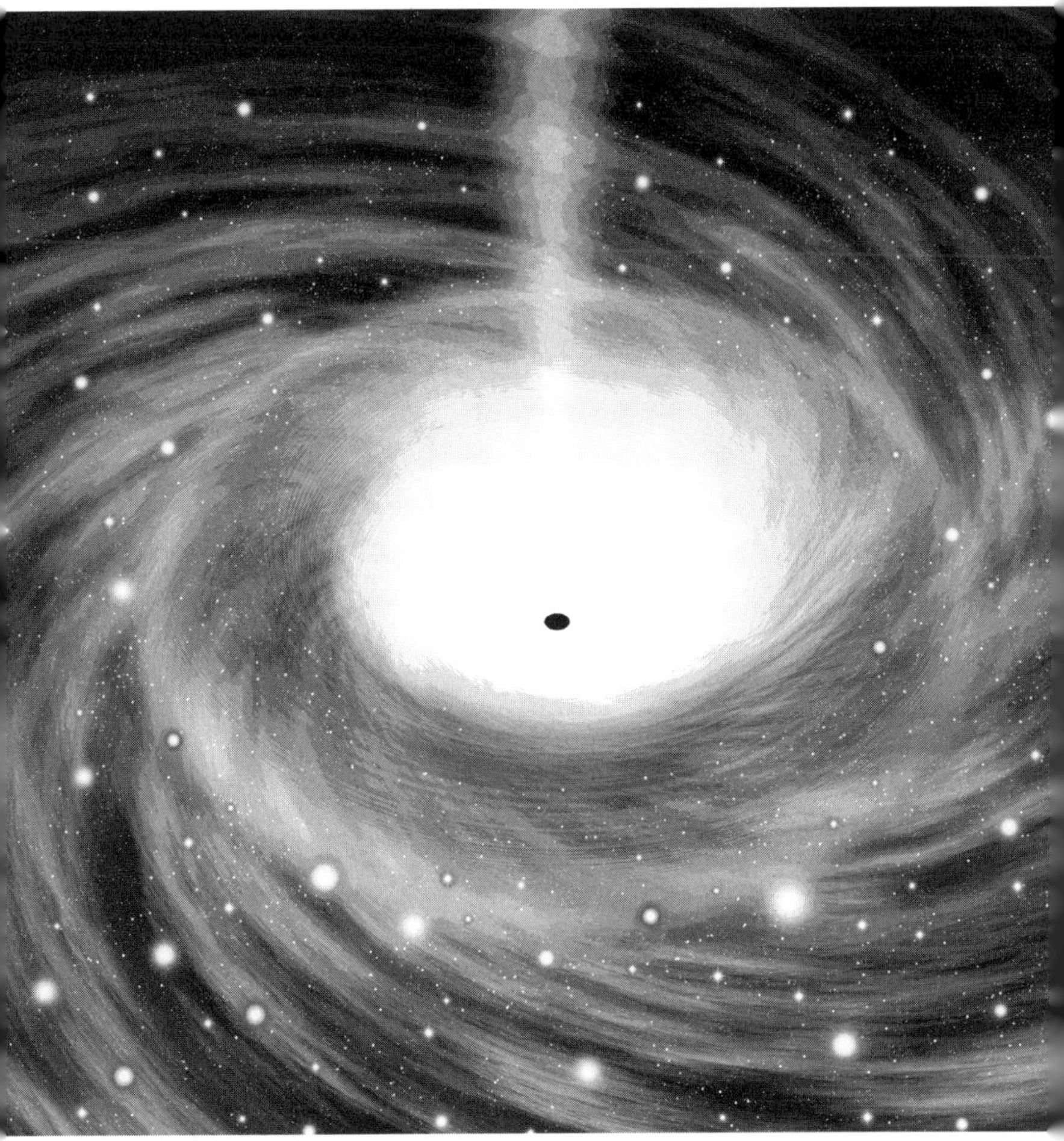

**図1-10.　天の川銀河の中心にある、超巨大ブラックホール**

だわかっていないことも多く、今後の研究が期待されています。

## 無数の銀河の一つでしかなかった「天の川銀河」

天の川銀河とこの宇宙の成り立ちをめぐって、かつて大きな論争がおきました。今からおよそ100年前、「天の川銀河こそが宇宙全体だ」とする見方と、「天の川銀河は数多く存在する銀河の一つにすぎず、宇宙全体はもっと大きい」とする見方が対立し、はげしい論争がおきていたのです。天の川銀河は無数の星が集まったとても大きな存在です。天の川銀河こそ宇宙のすべてなのでしょうか。

この論争において1912年、アメリカの女性天文学者ヘンリエッタ・リーヴィット（1868～1921）が、解決につながる画期的な発見をします。

当時、リーヴィットは「セファイド変光星」という数時間～100日程度の周期で明るさを変化させる天体を研究していました。リーヴィットは、南半球の夜空で淡い雲のように見える星の集団「小マゼラン雲」に含まれるセファイド変光星を調べ、明るく見える星ほど明暗の周期が長いことを発見したのです。

これは非常に重要な発見でした。星は本来の明るさが同じでも、遠くにあるほど暗く見えるはずです。しかしリーヴィットが観測した小マゼラン雲に含まれる星たちは、地球から見るとほぼ同じ距離にあると考えて差し支えありませんでした。これはすなわち、周期が長いセファイド変光星ほど、星本来の明るさが明るいということを意味しています。

一方、この宇宙のさまざまな場所に存在するセファイド変光星の地上からの見かけの明るさは、距離によって変わります。同じ明るさであれば、遠くにある星ほど暗く見えるはずですから。

そこで、セファイド変光星を探して、その周期からわかる星本来の明るさと、地上からの見かけの明るさを比較すれば、セファイド変光星までの距離を知ることができるわけです！　つまり、ある星の集団までの距離を知りたければ、その中にセファイド変光星を探せばよいのです。

このセファイド変光星の発見をもとに、アメリカの天文学者、エドウィン・ハッブル（1889〜1953）が天の川銀河論争に決着をつけました。1924年、ハッブルは口径2・5メートルのフッカー望遠鏡を使い、「アンドロメダ星雲」という星の集団の中に存在するセファイド変光星を観測しました。そこからアンドロメダ星雲までの距離を求めたところ、その距離は地球から約90万光年にも達していました。これは当時考えられていた天の川銀河の大きさを明らかにこえていました。つまりアンドロメダ星雲は、天の川銀河の外に存在していたのです。

さらにアンドロメダ星雲は、天の川銀河以上の大きさをもつ「アンドロメダ銀河」だったことも明らかになりました。つまり、天の川銀河は宇宙のすべてではなく、宇宙の中にある無数の銀河の一つにすぎなかったのです。この発見は、人類の宇宙観を大きく塗りかえるものでした。

## 宇宙はとてつもなく広い

天の川銀河は、この宇宙の唯一の銀河ではありませんでした。この宇宙にはたくさんの銀河が存在しており、望遠鏡で観測できる範囲だけでも、およそ１０００億個の銀河が散らばっていると見積もられています。ただし銀河は、一様に分布しているわけではありません。数百から数千の銀河が集まって「銀河

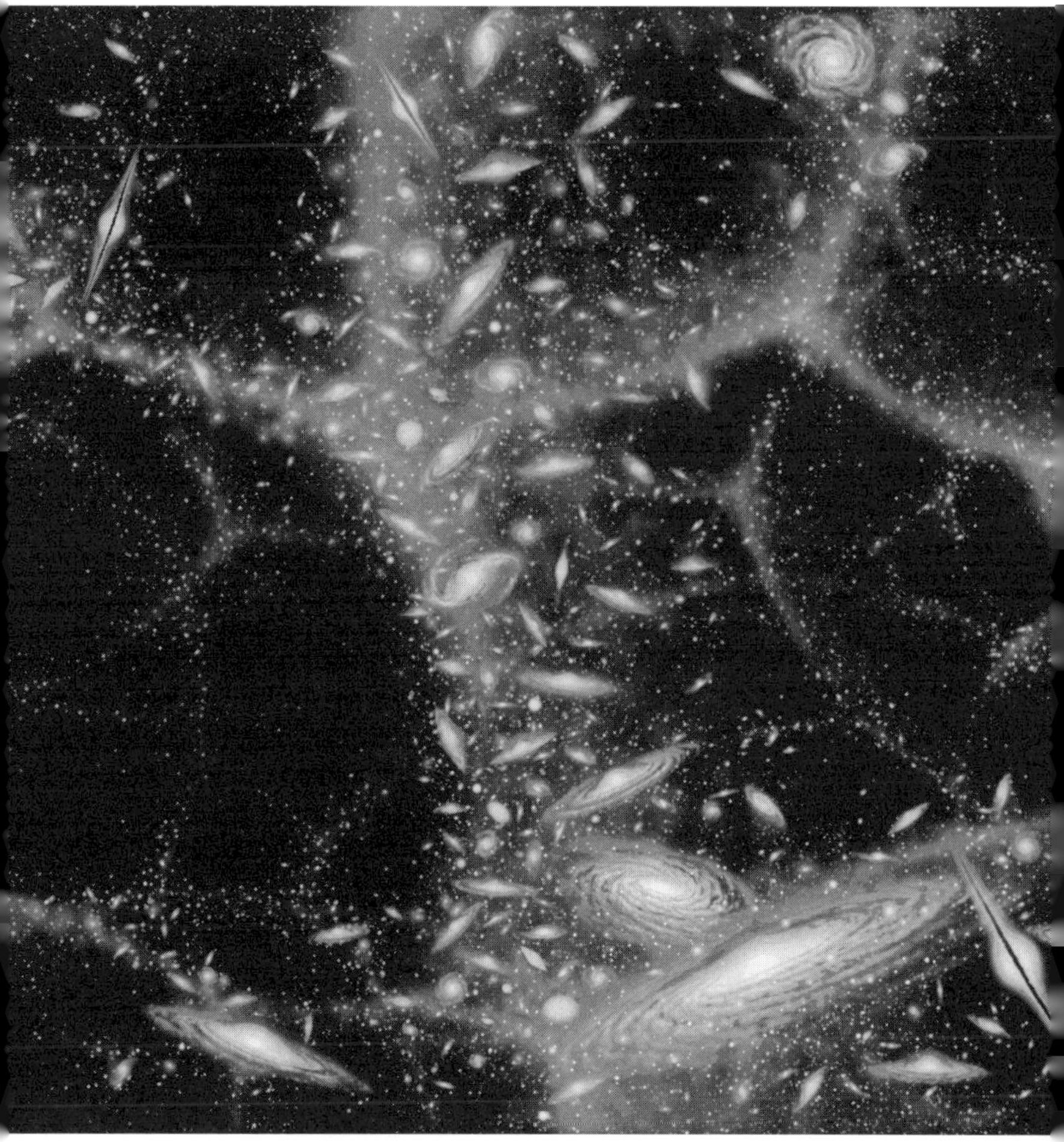

**図1-11.　銀河団と超銀河団がつらなってできた、巨大なネットワークのイメージ**

団」を形成している領域もあります。

さらに、銀河団が複数集まった超銀河団を形成することもあります。そしてもっと大きなスケールでながめると、これらの銀河団や超銀河団もまたつらなって、図1－11のように巨大なネットワークをつくっているようすが見えてきます。

このネットワークは網目や細かな泡が集まっているようすに似ており、泡の壁に相当する部分に銀河がつらなっています。そして泡の内部に相当する直径数億光年にもなる空洞部分には、銀河がほとんど見あたりません。この空洞のことを、天文学では「ボイド」とよんでいます。またこのような銀河の分布を「宇宙の大規模構造」といいます。

現時点で宇宙全体の大きさは不明ですが、最先端の望遠鏡で観測できている最も遠い天体の場合、その天体の光は130億光年程度の距離から地球に到達しています。宇宙はとてつもなく広い、ということが分かりますね。

## 宇宙人は存在する？

宇宙がここまで広大なら、どこかに宇宙人がいてもおかしくないのでは、という考えが思い浮かぶ方もいるでしょう。ちょっとここで脱線して、宇宙人の存在について考えてみましょう。

今のところ地球外生命体が存在するという証拠は、一つも見つかっていません。ですが広大な宇宙の中で地球にしか生命が存在しないというのは、考えにくいともいえます。私たちが属する天の川銀河には恒星が数千億個もありますし、さらに私たちが観測できる範囲だけでも、天の川銀河と同じような銀河が数千億個もあるわけですから。

実は、宇宙人がいるかどうかの手がかりをあたえてくれる式があります。それが１９６１年、アメリカの天文学者のフランク・ドレイク（１９３０〜）が考案した「ドレイクの方程式」です。ドレイクの方程式とは、天の川銀河内にある、電波で通信を行う技術をもった宇宙文明の数「Ｎ」を見積もる式です（図１−12）。

$$N\text{（宇宙文明の数）} = R_{*} \times f_{p} \times n_{e} \times f_{l} \times f_{i} \times f_{c} \times L$$

$R_{*}$：天の川銀河で1年間に生まれる恒星の平均数

$f_{p}$：惑星系をもつ恒星の割合

$n_{e}$：一つの惑星系の中にあるハビタブル惑星の平均数

$f_{l}$：一つのハビタブル惑星で生命が誕生する確率

$f_{i}$：誕生した生命が知的生命に進化する確率

$f_{c}$：知的生命が恒星間通信の技術をもつ確率

$L$：恒星間通信できる文明が通信をつづける期間

図1-12.　ドレイクの方程式

それぞれの値については推定がかなりむずかしいものがあり、Nの値にはさまざまな可能性があります。ドレイク自身は「N＝10」と推定しました。天の川銀河に10個も宇宙文明が存在すると考えたのですね。ただし、この式は計算する人によって結果が変わりますから、宇宙文明の数が10個であることが妥当かどうかは、何ともいえません。しかし、この式が星や生命について理解を深める大きなきっかけとなったことにまちがいはないでしょう。

なお、この式に出てくる「ハビタブル惑星」とは、地球のように生命に適した環境をもつ惑星のことです。生命が誕生するには、化学反応の舞台となる海や湖のような液体の環境と、反応をおこすためのエネルギー源が必要です。太陽系外に、これまでに50個ほどのハビタブル惑星が見つかっています。また高性能な望遠鏡を使い、今もなお生命がいそうな惑星の探索が進められています。

惑星ではありませんが、土星の衛星「タイタン」には、液体（メタン）の湖があります。また木星の衛星「エウロパ」「ガニメデ」「カリスト」や土星の衛星「エンケラドス」などの氷天体も地下に海をもっています。これらの衛星に、生命がいる可能性も否定できません。

ところで、遠くの宇宙にいる地球外生命体が電波を使って、私たちにメッセージを送ってくる、ということはないのでしょうか。実際にそのような信号をとらえて、地球外生命体の証拠をつかもうとする研究（「ＳＥＴＩ（Search for Extraterrestrial Intelligence：地球外生命探査）」）もあります。２０１５年７月には「ブレークスルーリッスン」という史上最大規模のＳＥＴＩの計画が発表されました。世界中の望遠鏡を使い、10年間にわたって探査を行うというものです。

今のところ明確に地球外生命体からの信号といえるものはとらえられていませんが、怪しい電波を受信したことはあります。アメリカの電波天文学者、ジェリー・イーマン博士が、オハイオ州立大学の電波望遠鏡「ビッグ・イヤー」によって集められた記録紙を分析していたところ、１９７７年８月15日に、強い電波が記録されているのを発見しました。イーマン博士は記録紙の余白に「Ｗｏｗ！」と書き込んだため、このシグナルは「Ｗｏｗ！シグナル」とよばれています。

Ｗｏｗ！シグナルは、望遠鏡がいて座の方向を向いているときに72秒間継続してとらえられました。この72秒間というのがポイントです。ビッグ・イヤーは地上に固定された望遠鏡ですので、自転の影響を受けます。そして、ある天体から出た電波がアンテナに入り、地球の自転によってアンテナから外れる時間がちょうど72秒間です。つまりＷｏｗ！シグナルは、航空機などから出たものではなく、地球の外からやってきたものである可能性が高いのです。

また受信した電波は、とてもせまい周波数幅の電波でした。自然現象や天文現象によって発生する電波は、ある程度広い周波数をもっていることが普通です。このことからもＷｏｗ！シグナルは怪しい電波といえるでしょう。その後もさまざまな望遠鏡で同じ領域の観測が行われましたが、残念ながら同様の電波を受け取ることができませんでした。

今のところ地球外生命からの信号は検出できていませんが、もしも地球外生命からの信号を検出した場合、その対応方法は国際宇宙航行アカデミーによってガイドラインが定められています。このガイドラインは9条からなり、信号の検証や公表の手順などが記されています。たとえば信号を受信した場合、「国連などの機関の同意を得ずに信号に返答しないこと」などが定められています。

## 銀河の動きがわかる「銀河の色」

さて、大きく脱線しましたが、宇宙の構造について話を戻しましょう。宇宙に無数の銀河が存在することが明らかになると、天文学者たちは「銀河は運動しているのか、運動しているならどのように運動しているのか」について調べはじめました。普通、何かの運動の速さは「(移動距離)÷(時間)」で求められます。しかし銀河は遠すぎて、移動距離を直接測定することは困難です。そこで天文観測で銀河の運動速度を調べるために使われるのが「ドップラー効果」という現象です。

ドップラー効果、という言葉を聞いたことがある方も少なくないかもしれません。身近な例では、救急車のサイレンがあります。救急者が近づいてくるときに、サイレンの音が高く聞こえ、遠ざかるときに低く聞こえますね。これは音の正体が「空気の波」であるためにおきる現象です。そもそも高い音は波長(波の山から山までの長さ)が短い音波、低い音は波長の長い音波です。音源(車)が近づいているとき、観測者に届く波長は短くなります。反対に、音源(車)が遠ざかってい

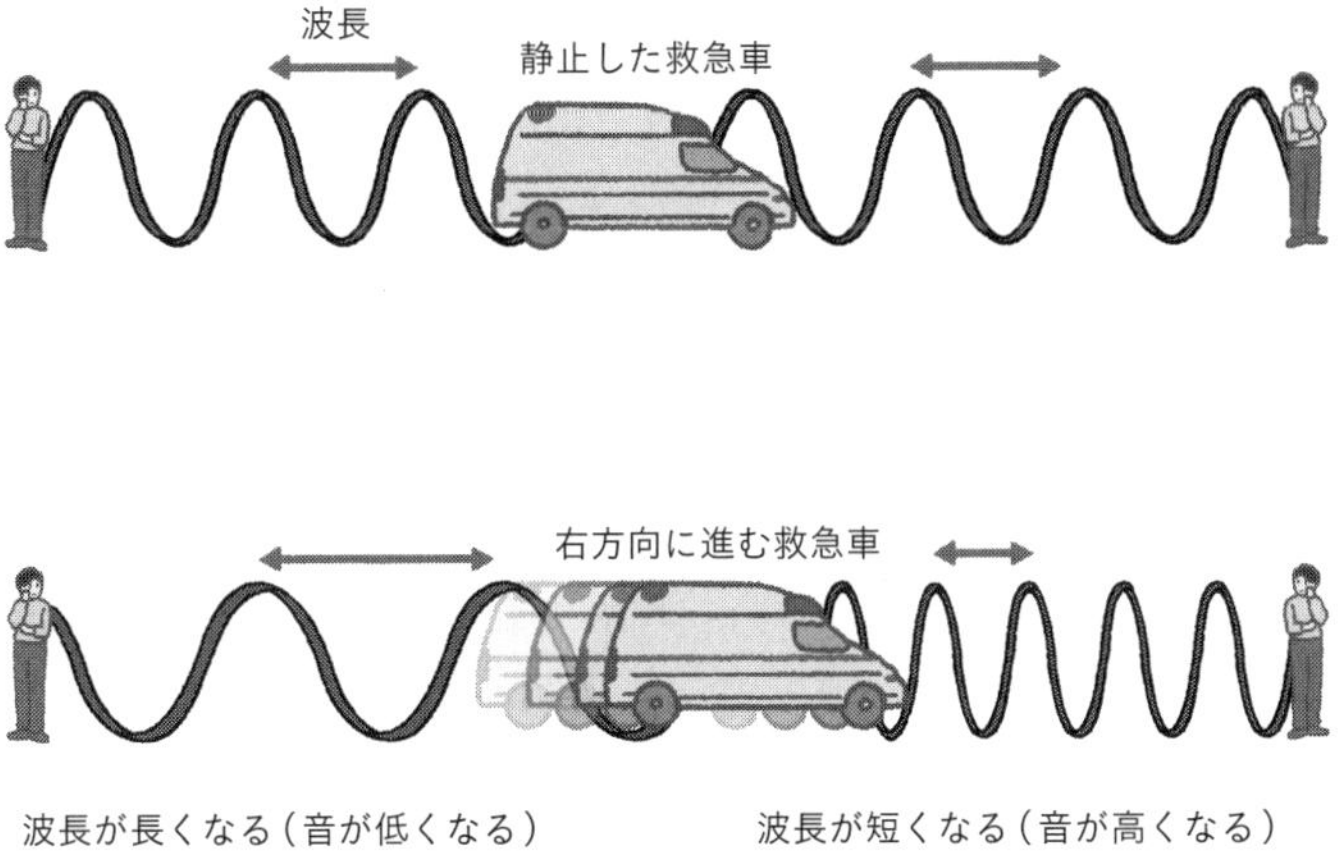


**図1-13.　ドップラー効果のしくみ**

高い音は波長が短い音波、低い音は長い音波となるため、救急車が近づいてくると音が高く聞こえ、遠ざかると低く聞こえる。

ると波長は長くなります。そのため、近づいてくるときは音が高く聞こえ、遠ざかるときは音が低く聞こえます（図1－13）。これがドップラー効果です。

銀河は光を出しているため、銀河の運動を調べる際は「光のドップラー効果」を使います。光の正体も波ですので、音と同じくドップラー効果がおきるわけです。地球に天体が近づくと天体から発せられた光の波長は短くなり、遠ざかると波長が長くなりま

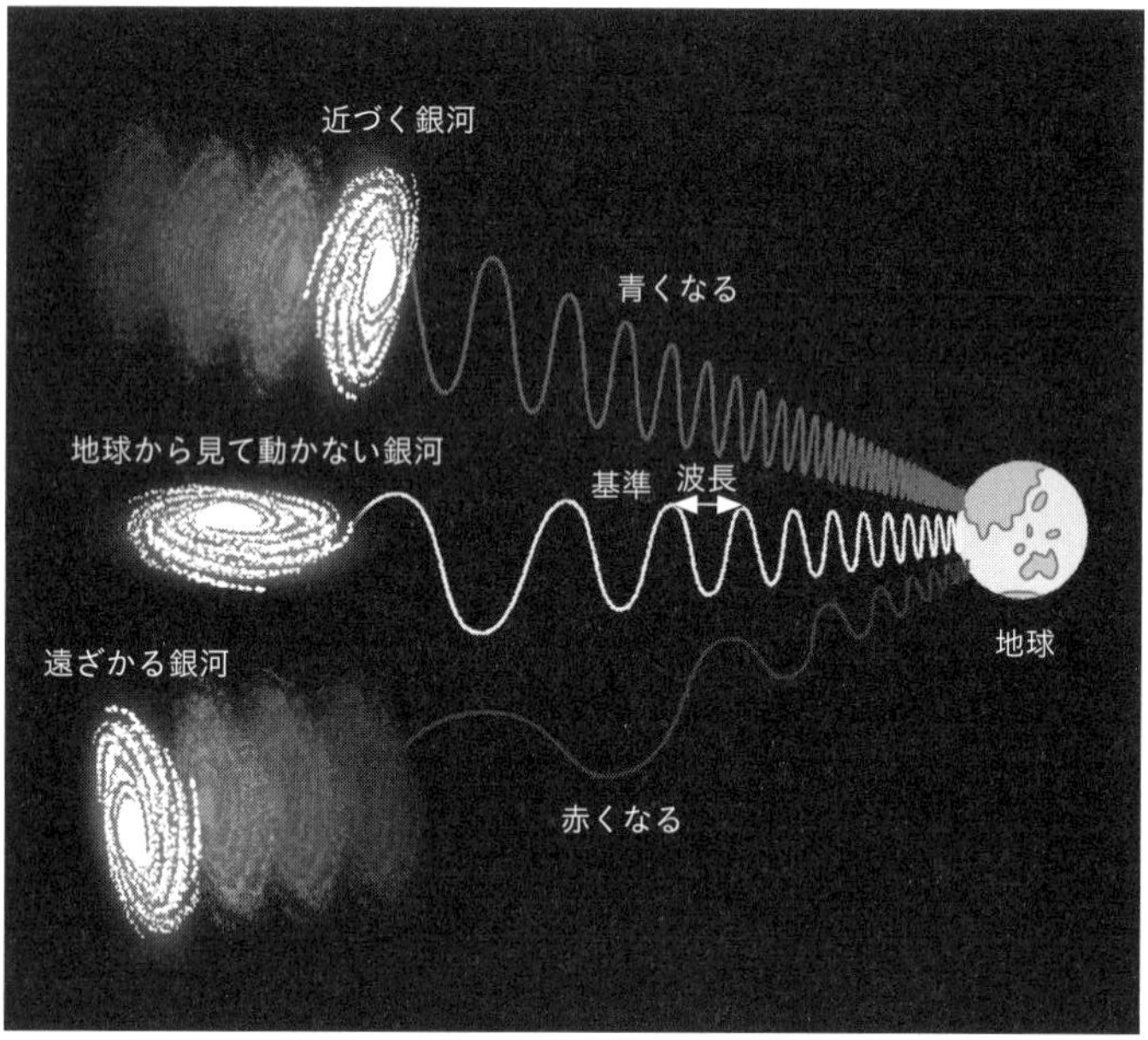


**図1-14.　光のドップラー効果**

地球に天体が近づくと、天体から発する光の波長は短く青くなり、遠ざかると波長は長く赤くなる。

す。光は波長が短いほど青くなり、波長が長いほど赤くなります。つまり近づく銀河からの光は青っぽく、遠ざかる銀河からの光は赤っぽくなるのです（図1－14）。光のドップラー効果によって波長が長くなることを「赤方偏移」、波長が短くなることを「青方偏移」といいます。

天体（光源）の運動速度（地球と天体を結んだ方向の速度）が大きいほど、波長

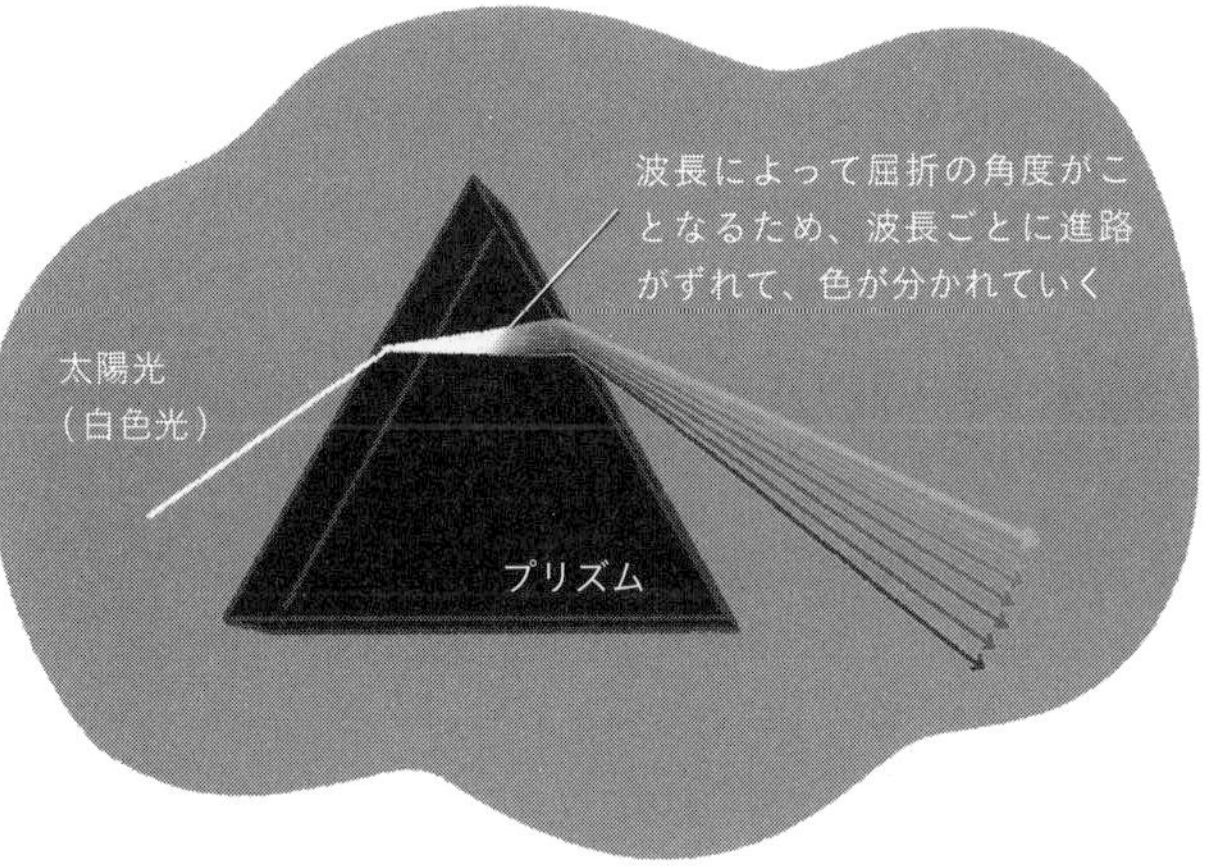


**図1-15.　太陽光をプリズムに通す実験**

の変化も大きくなります。したがって、銀河からやってくる光の波長が本来の波長からどれだけ変化しているのかを調べれば、銀河の運動速度がわかるというわけです。

でも、ここで疑問が生じませんか？　そもそも銀河本来の色がわからないのに、どうして「青くなった」「赤くなった」などの色の変化がわかるのでしょうか。少々むずかしいかもしれませんが、さらにくわしく説明しましょう。実際の観測では天体の「スペクトル」を使います。スペクトルとは、天体が出している光をさまざまな色（波長）の成分に分けたものです。天体から出る光にはさまざまな色が含まれています。これを色ごとに分けてやるのです。たとえば太陽の光をプリズム

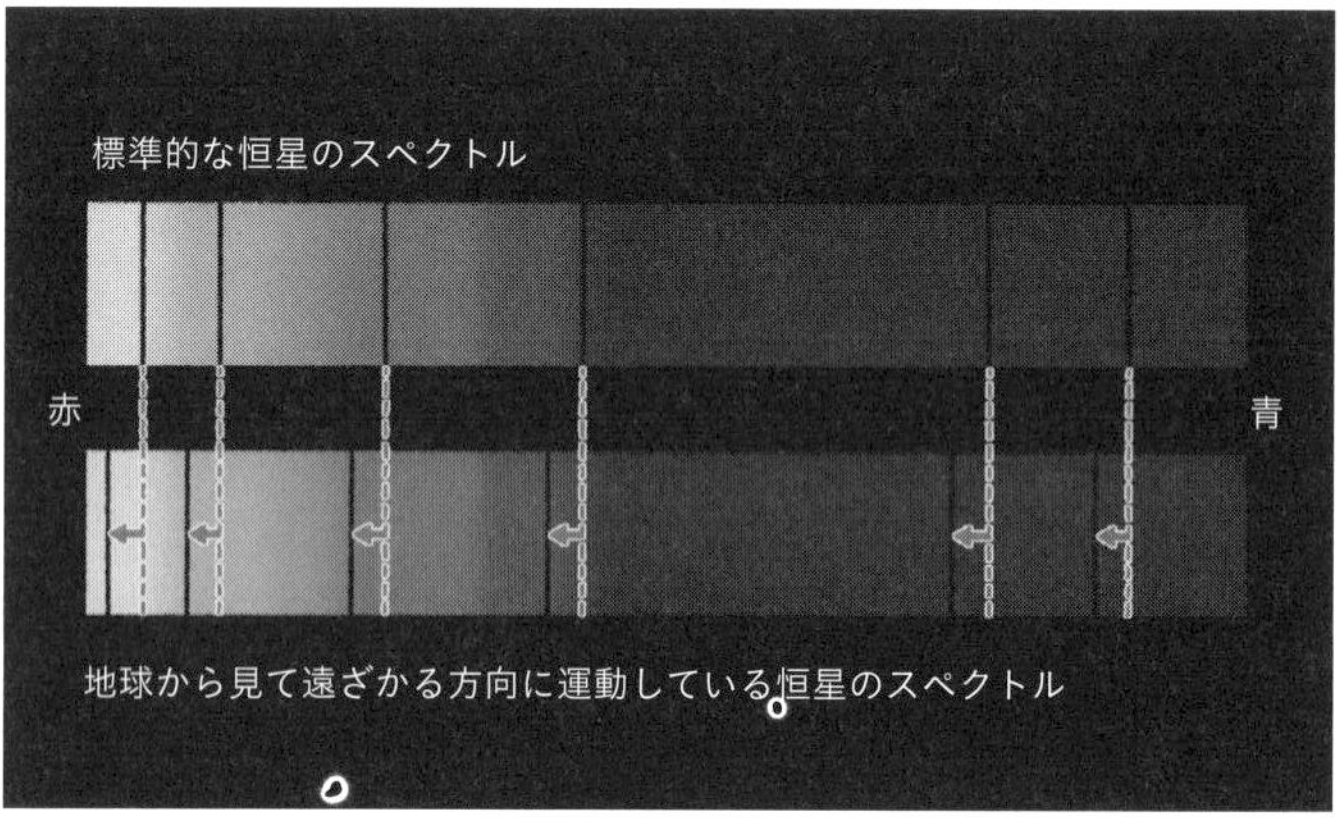


**図1-16.　標準的な恒星のスペクトル**

ドップラー効果によって、赤色側（波長が長いほう）に、吸収線がずれている。

に通して色ごとに分ける、という実験をやったことがある方もいるかもしれません（図1－15）。太陽の光を、ガラスなどでできたプリズムという器具に通すと、光が色ごとに分かれてまるで虹のように見えます。

これと同じようなことをすると、天体から届く光を波長（色）ごとに分けられるのです。すると図1－16のようなスペクトルが得られます。

天体にはさまざまな元素が含まれています。元素は決まった波長の光を吸収したり、放出したりする性質があります。図1－16の天体のスペクトルを見てください。黒い線がいくつか入っていますね。これは吸収線といい、その色の光が元素によって吸収されたことを意味しています。そこで、この吸収線が基準とするスペクトルとどれだけずれているかを調べれば、その天体が遠ざかっているのか近づいているのか、さらにどれくらいの速度なのかを、計算することができるのです。

## 地球から遠くにある銀河ほど、速く遠ざかる

アメリカの天文学者ヴェスト・スライファー（1875〜1969）が、ドップラー効果を使い、銀河がどのように運動しているかを調べたところ、面白いことがわかりました。銀河がもし完全に勝手気ままに運動しているとしたら、地球（天の川銀河）に近づいているものと遠ざかっているものが、ほぼ半々になるはずです。しかしスライファーの分析の結果、地球から遠ざかる銀河の方が圧倒的に多いことがわかったのです。

さらに1929年、ハッブルがフッカー望遠鏡を使って、この謎の解明につながる、歴史を変える大発見をします。何と地球から遠くにある銀河ほど速く遠ざ

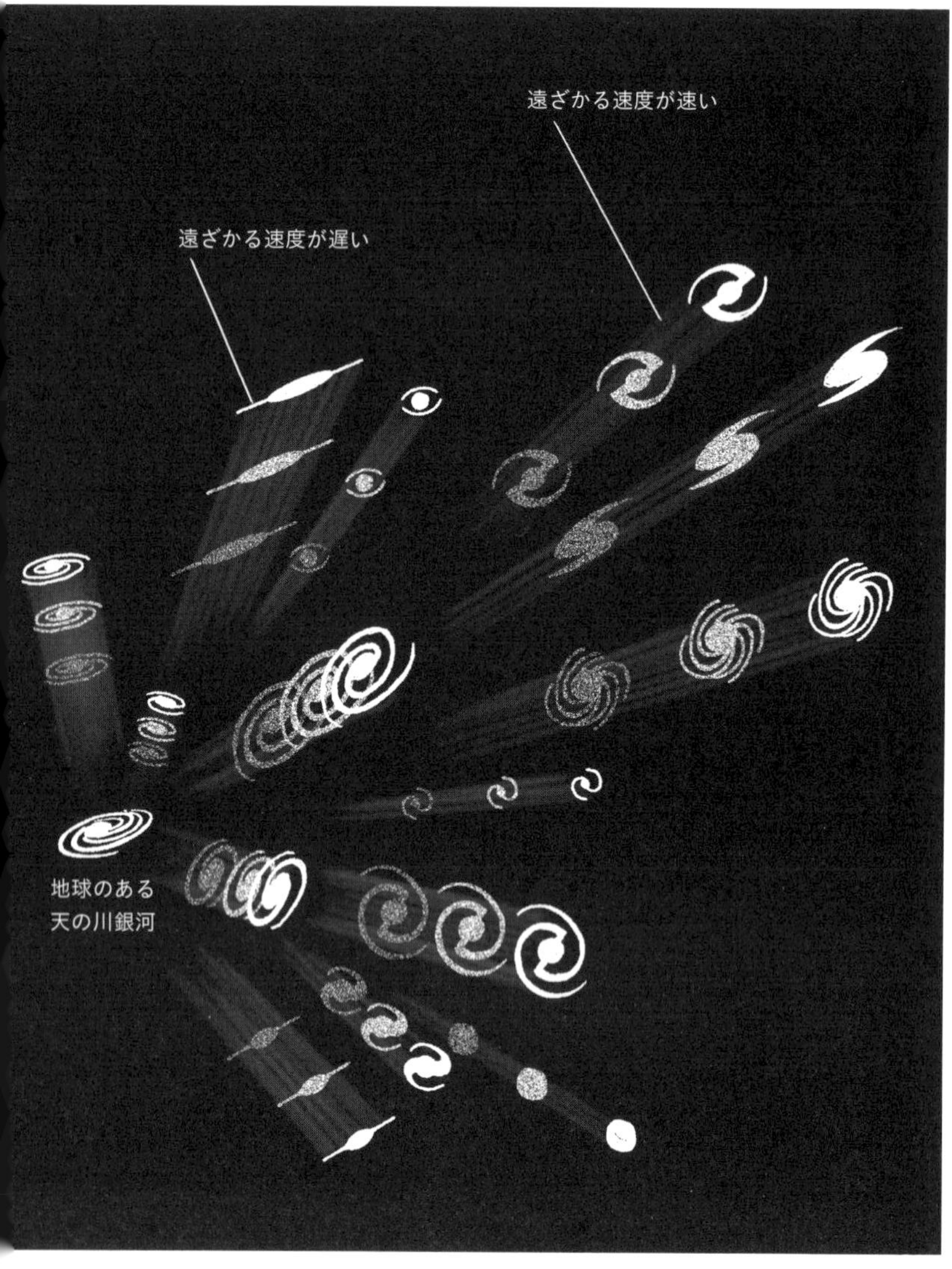


図1-17.　遠い銀河ほど、速く遠ざかっている

$$v = H_0 \times r$$

v ：銀河の後退速度

$H_0$：ハッブル定数（67.15［km／（s・Mpc）］）

r ：銀河と地球の距離

**→遠くにある銀河ほど、速く地球から遠ざかっている**

**図1-18.　ハッブル-ルメートルの法則**

かっていることがわかったのです（図1－17）。

またハッブルの発見の2年前、ベルギーの科学者ジョルジュ・ルメートル（1894～1966）も同様の発見をしていました。銀河の遠ざかる速度（後退速度）は地球からの距離に比例していたのです。この事実は「ハッブル-ルメートルの法則」とよばれています（図1－18）。

なぜ地球から遠くにある銀河ほど、速い速度で遠ざかっているのでしょうか。実はこのハッブルールメートルの法則は、宇宙が膨張していることを示しています。この発見がなされるまで、宇宙はずっと変わらない、永久不変のものだと考えられていました。しかしハッブルらの発見によって、このような従来の宇宙観はくつがえされました。宇宙空間は、時間とともに変化していくものだったのです。

ところで最初に発表されたハッブルの観測結果はデータが少なく、誤差はかなり大きなものでした。そのため学界の中には、その結果を疑問視する声もありました。しかしハッブルは観測データを積み上げていき、やがてハッブルールメートルの法則は確固たる事実とみなされるようになっていきます。現在でもさまざまな観測によって、ハッブルールメートルの法則はたしかめられています。

## 宇宙は膨張している

ではハッブルールメートルの法則から、なぜ宇宙が膨張していることにつながるのでしょう。遠くの銀河ほど速く地球から遠ざかって見えるということは、地球のある天の川銀河を中心として、すべての銀河はその外側に飛び散っていることを示しているのでしょうか。

科学者たちは、天の川銀河が宇宙の中心だとは考えませんでした。これまで積み上げられてきた天文学や物理学の知識をもとに、「宇宙に特別な場所などない」と考えていたのです。このような考え方を「宇宙原理」とよびます。

そのため科学者たちは「ハッブルルメートルの法則は天の川銀河だけでなく、どの銀河から見ても成り立つはずだ」と考えました。そのように考えたとき、うまくハッブルルメートルの法則を説明するには宇宙が膨張していると考えるしかありませんでした。

図1－19を見てください。この図の1は宇宙の中のある領域で、2はその領域が2倍に膨張したことを表現しています。1と2ではマス目の大きさを統一しており、1辺の長さは1です。

1と2を比較すると、天の川銀河から見て銀河Aは、距離1から距離2に移動しています。つまり見かけの移動量（速度）は1です。一方、銀河Bは距離4から距離8に移動しているため、移動量は4です。このように、天の川銀河から遠い銀河ほど見かけの移動量（速度）が大きくなります。これは天の川銀河から見て縦

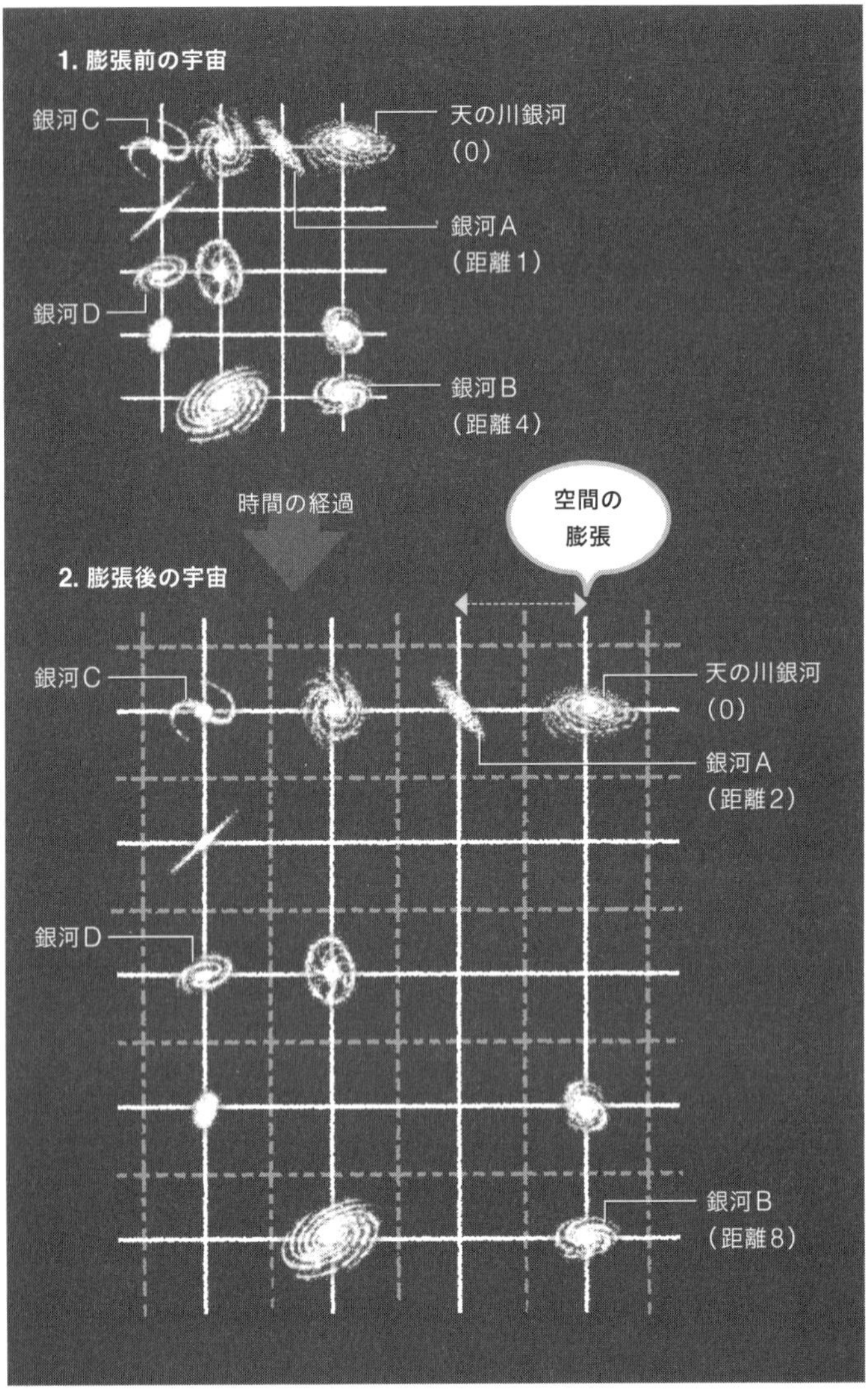


図1-19.　膨張前、膨張後の宇宙

横斜め、どの方向でも成り立ちます。つまり、天の川銀河を基準として考えると、ハッブル-ルメートルの法則が成り立ちます。

では、ほかの銀河を基準とするとどうでしょうか。今度は銀河Cから見てみましょう。銀河Dは銀河Cから見て距離2から距離4に移動していますから、移動量（速度）は2です。天の川銀河は距離3から距離6に移動しているので、移動量（速度）は3です。このように、銀河Cから見てもやはりハッブル-ルメートルの法則が成り立ちます。

天の川銀河と銀河Cにかぎらず、図1-19にあるすべての銀河でハッブル-ルメートルの法則が成り立ちます。宇宙原理とハッブル-ルメートルの法則の両方を満たす宇宙とは、このように膨張する宇宙なのです。空間が膨張し、銀河間の距離が伸びるため、銀河が遠ざかるように見える——。日常的な感覚からは想像しづらいかもしれませんが、宇宙原理とハッブル-ルメートルの法則から考えると、宇宙は膨張しているということを認めざるをえないのです。

## 私たち自身も膨張している？

宇宙空間が膨張するなら、たとえば私たちの体のような身のまわりのものも、膨張しているのでは、と考える方もいるかもしれません。しかし結論からいうと、宇宙膨張の影響で人の体が膨張することはありません。物体どうしが何らかの力で強く結びついている場合、それらの間の距離は伸びないのです。

私たちの体を構成する原子どうしは強く結びついています。原子の中の電子と原子核も、電気的な引力で強く結びついています。そのため、空間の膨張にともなう弱々しい〝引っ張り〟で、これらを膨張させることはできません。また宇宙膨張は、わずかな空間の膨張が積み重なってはじめて効果が目に見えてあらわれるため、宇宙規模になってはじめて見えてきます。私たちの身のまわりの小さなスケールでは、とても宇宙膨張を実感することはできないのです。

では、地球であれば、膨張するのでしょうか？　この答えもノーです。地球全体は重力で強く結びついているため、膨張しません。太陽と惑星たちも、重力で結びついているので広がらず、銀河も恒星たちが重力で結びついているため、大きくなることはありません。

また複数の銀河が近くにある場合、重力で結びついているため、宇宙膨張によってはなれていくことはありません。くわしくは第5章で紹介しますが、実際、アンドロメダ銀河は天の川銀河に接近中で、数十億年後、両銀河は衝突するといわれています。銀河間の距離がはなれていくのは、二つの銀河が十分に遠く、たがいに重力をほとんどおよぼし合っていない場合にかぎります。

さらに大きなスケールで見てみましょう。銀河が数百から数千個集まった「銀河団」も、重力で結びついているため膨張しません。しかし銀河団をこえるスケールになると、ついに宇宙膨張の効果が重力の効果に勝ちはじめます。同じ銀河団に属さない銀河どうしは、およぼし合っている重力が非常に弱いため、はなれていきます。つまり宇宙膨張は、重力の影響が小さな銀河どうしや、銀河団以上の大きなスケールで宇宙を見たときに、ようやく効果が見えてくるものなのです。

## 宇宙膨張は、アインシュタインの予測を裏切った

実は宇宙が膨張している可能性を指摘したのは、ハッブルやルメートルがはじめてではありません。ハッブル-ルメートルの法則の発見から7年前の1922年、ロシアの科学者アレクサンドル・フリードマン（1888〜1922）が、理論的な研究によって、宇宙が膨張しうることをすでに報告していたのです。フリードマンは望遠鏡で宇宙をながめるわけでもなく、何と紙と鉛筆だけで、この結論を導きだしました。フリードマンはハッブルの発見の4年前に37歳の若さで亡くなっていますが、その名は宇宙論の歴史に永久に刻まれることでしょう。

フリードマンは「一般相対性理論」にもとづいて計算を行った結果、宇宙膨張にたどり着きました。一般相対性理論とは、1915年にドイツの物理学者、アルバート・アインシュタイン（1879〜1955）がとなえた空間や時間、重力についての物理学の理論です。おどろくべきことに「空間は伸び縮みできる」ということや「時間の流れは速くなったり遅くなったりできる」ということを、相対

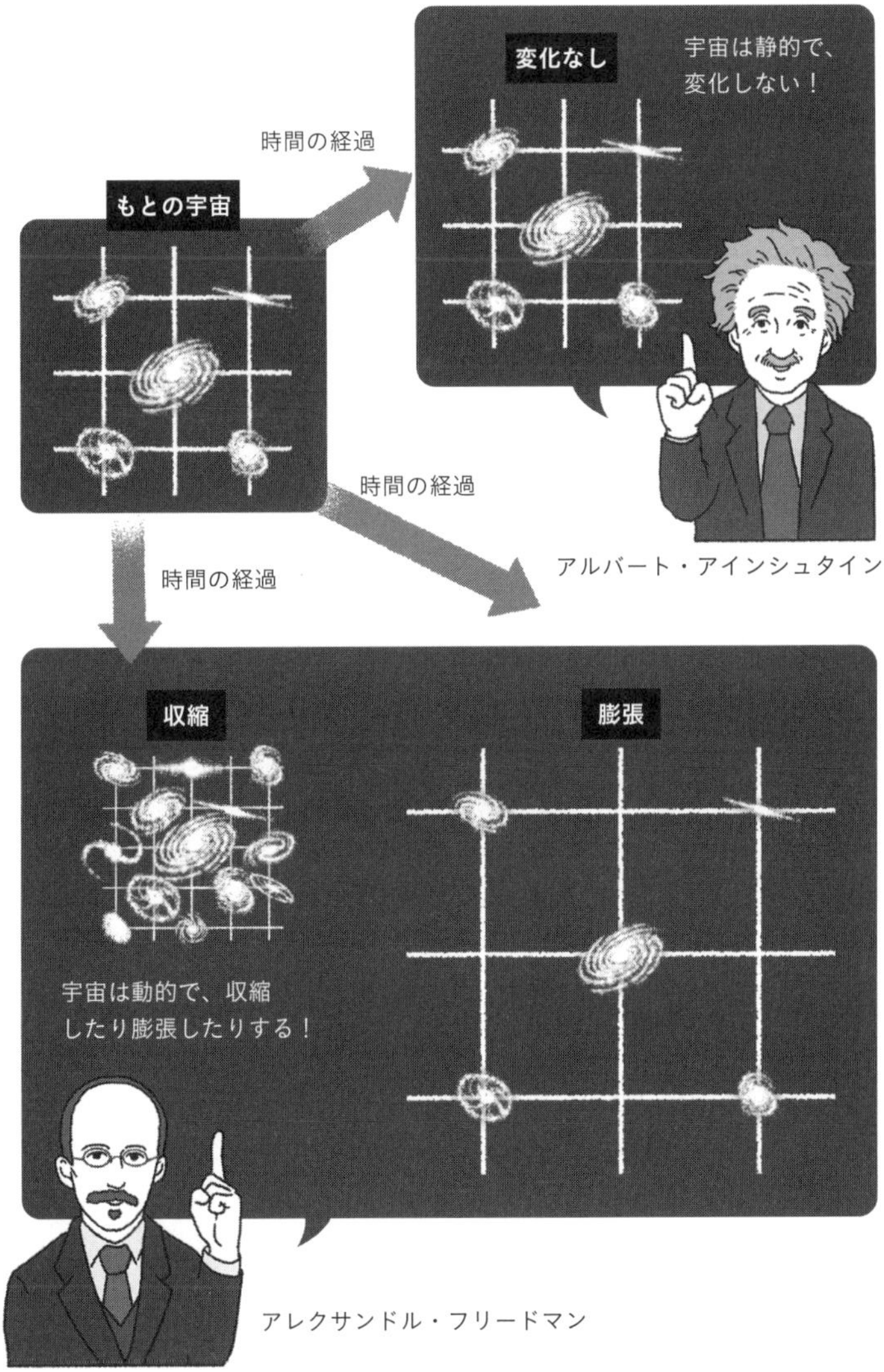


**図1-20.　宇宙に対するアインシュタインとフリードマンの考え方**

$$R_{\mu\upsilon}-\frac{1}{2}g_{\mu\upsilon}R+\Lambda g_{\mu\upsilon}=\frac{8\pi G}{c^4}T_{\mu\upsilon}$$

宇宙定数（宇宙項）ラムダ

**図1-21.　アインシュタイン方程式**

性理論は明らかにしました。

この理論をベースとして、フリードマンは「宇宙は収縮したり膨張したりする動的なものだ」と考えます。しかし、一般相対性理論の生みの親であるアインシュタインは、フリードマンの考えに猛反発しました。アインシュタインは「宇宙は『静的』なはずで、膨張したり収縮したりはしない」と考えたのです（図1－20）。

そしてアインシュタインは、一般相対性理論の基本方程式である「アインシュタイン方程式」の中に、「宇宙定数（宇宙項）」とよばれる定数を意図的に入れました。そうすることで強引に、膨張しない宇宙の理論をつくりあげたのです（図1－21）。

しかし結局はハッブルやルメートルによる観測から、宇宙膨張がたしかめられました。アインシュタインは、宇宙定数を入れたことを「生涯最大のあやまち」とのべています。宇宙は、物理学の巨人アインシュタインの想像をもこえていたのです。

# 第2章

# 宇宙はどのようにして誕生したのか

## 宇宙の歴史を遡ると「点」に行き着く

この第2章では、現在の宇宙がどうやってつくられたのか、その歴史をひもといていきましょう。

第1章で、宇宙は膨張しているとお話ししました。このことは宇宙に誕生の瞬間があったことを示唆しています。宇宙が膨張しているということは、過去にさかのぼるほど宇宙は小さく、銀河は密集していたことになります。だんだん小さくなった宇宙全体はやがて一つの点につぶれ、それ以上は過去にさかのぼることはできなくなります（図2－1）。この時点が「宇宙のはじまり」だと考えられるわけです。宇宙の歴史をさかのぼって最後にたどりつくこの点を特異点といいます。現代の物理学では、特異点について計算することはできず、宇宙が誕生した瞬間について解き明かすことはできていません。

宇宙のはじまりは、今から138億年前と考えられています。誕生直後の宇宙は小さく、何と1兆度をこえる高温でした。また現在のすべての銀河をつくって

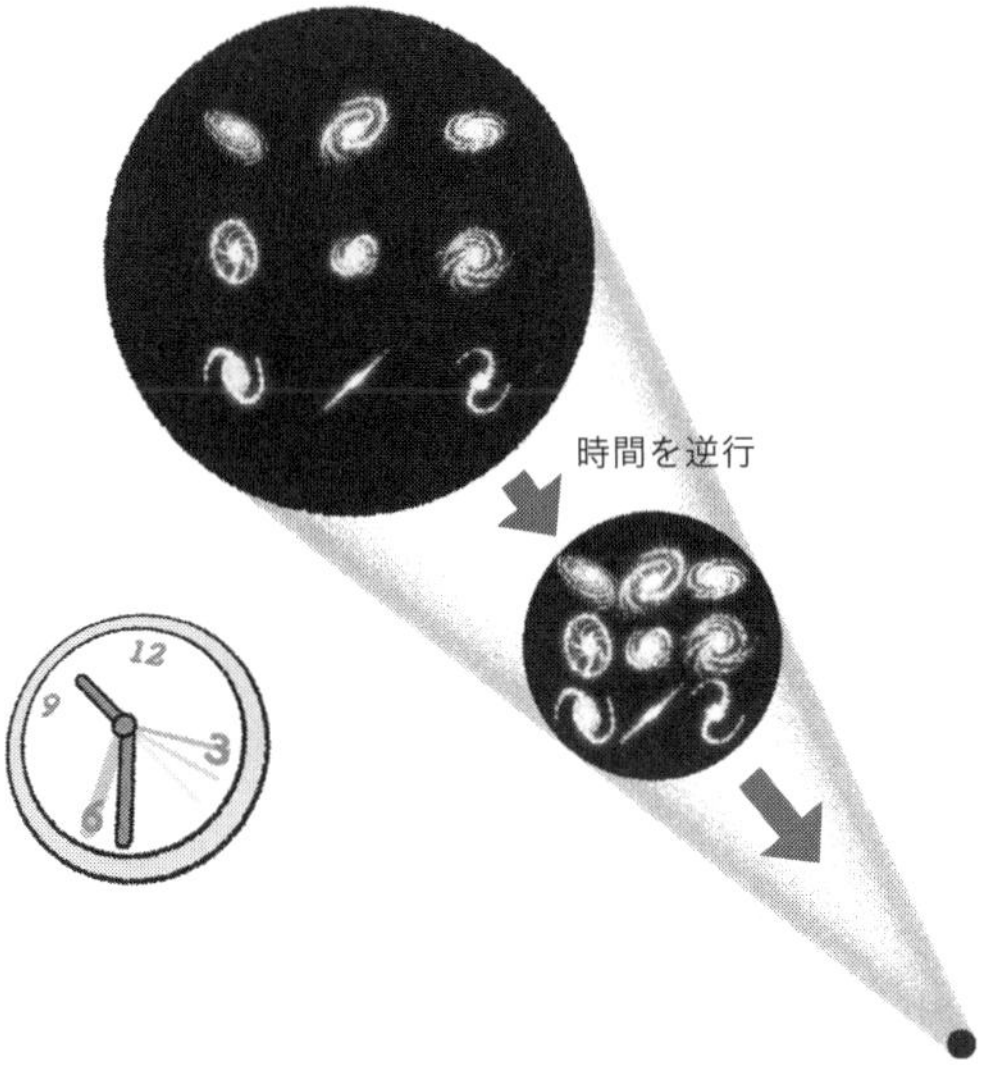


**図2-1.　過去にさかのぼると、宇宙はやがて一つの点につぶれる**

いる物質が、小さな空間に〃押しこめられていた〃ため、非常に高密度だったようです。

この灼熱の宇宙において、物質は、ばらばらの状態で存在していました。液体の水を加熱すると、気体（水蒸気）になるのはご存じですね。液体の水は水分子がひしめき合った状態ですが、気体になると水分子がはなればなれになり、自由に空間を飛びかいます（図2－2）。このように、物体は加熱されるとばらばらになる傾向があります。そのため誕生直後の高温の宇宙には、固体や液体といった物

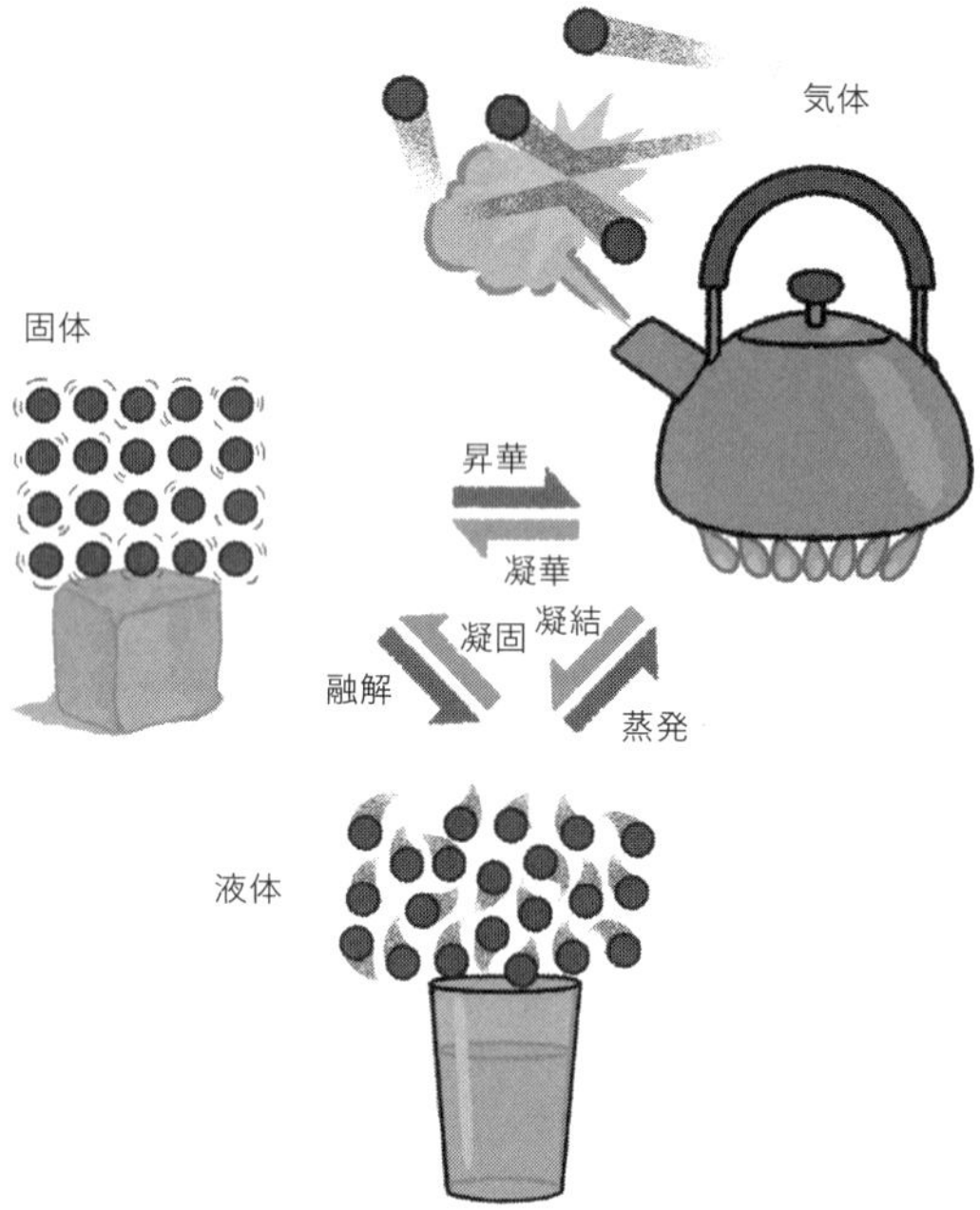


**図2-2.　液体の水を加熱すると気体になり、
水分子はばらばらになって空間を飛びかう**

質はもちろん、「原子」や「分子」さえも存在しませんでした。

私たち自身をはじめ、身のまわりのあらゆる物質は原子が集まってできています。原子は「原子核」とそのまわりをまわる電子から構成されています。

原子核をもっと細かく見ると「陽子」と「中性子」でできており、さらにこの陽子と中性子は、複数の「クォーク」とい

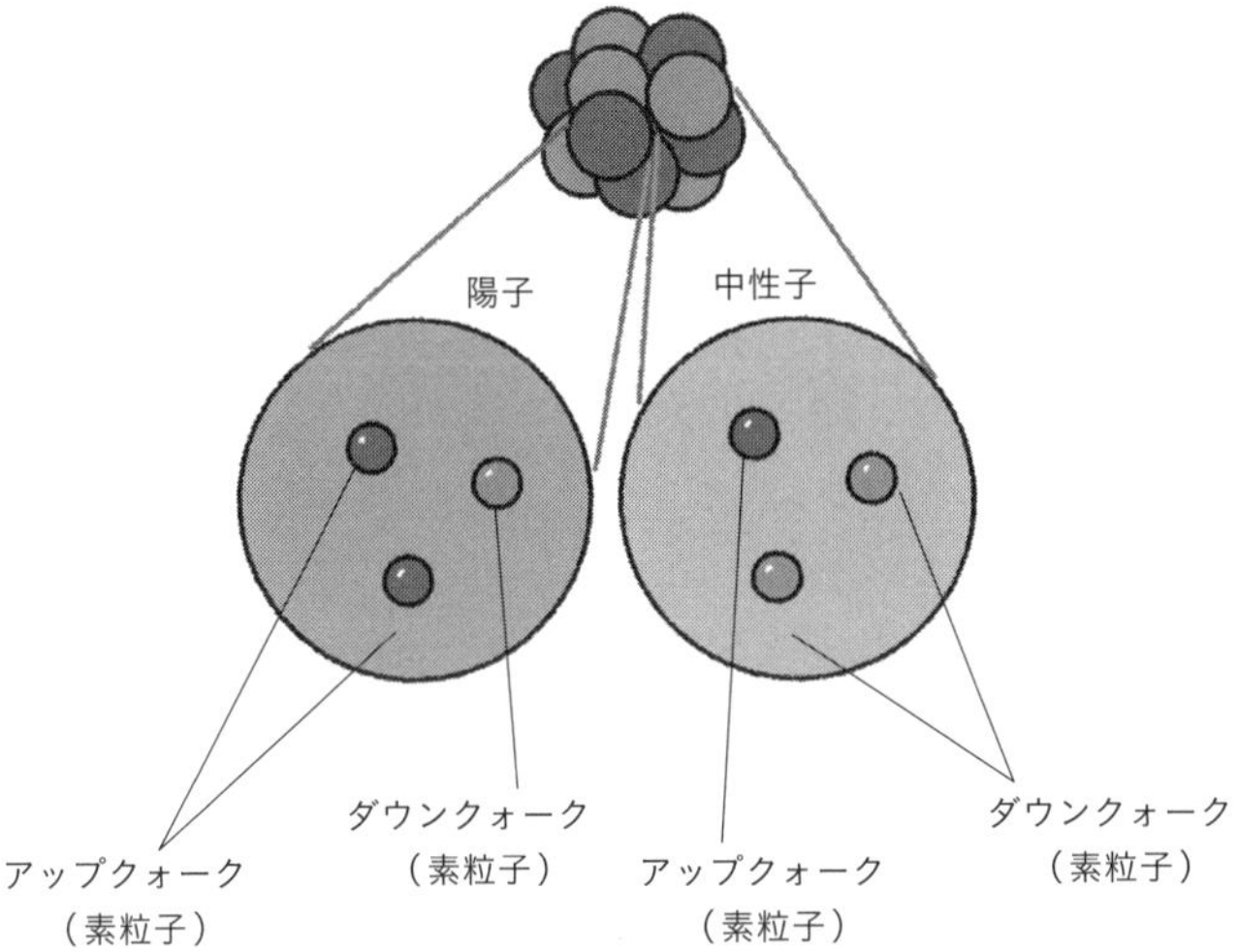


**図2-3.　原子核の構造**

う粒子でできています。これらのクォークや電子はそれ以上分割できないと考えられています（図2－3）。このように、それ以上分割できない粒子のことを「素粒子」といいます。素粒子は物質の最小単位です。誕生直後の宇宙では、このような素粒子たちがばらばらになって空間を飛びかっていたと考えられています。

誕生直後の宇宙は非常に高温だったため、宇宙の初期は素粒子などの小さな粒子が主役でした。恒星や銀河、ブラックホールなどの天体が登場するのは宇宙誕生からずっと先の、約3億年後以降になります。

138億年後
現在の宇宙
92億年後
太陽系の誕生
5億年後ごろまで
銀河の成長
恒星の誕生
2億年後ごろ
暗黒時代

## 138億年をかけて進化しつづけてきた「宇宙」

ここで、138億年の宇宙の全歴史の流れをおおまかに説明しましょう。図2－4は、宇宙の歴史を模式的にえがいたものです。のちほどくわしく説明しますので、ここでは概略だけをつかんでおいてください。

誕生直後の宇宙は、先ほど説明した通り、素粒子がばらばらになって飛びかう灼熱の世界でした。その

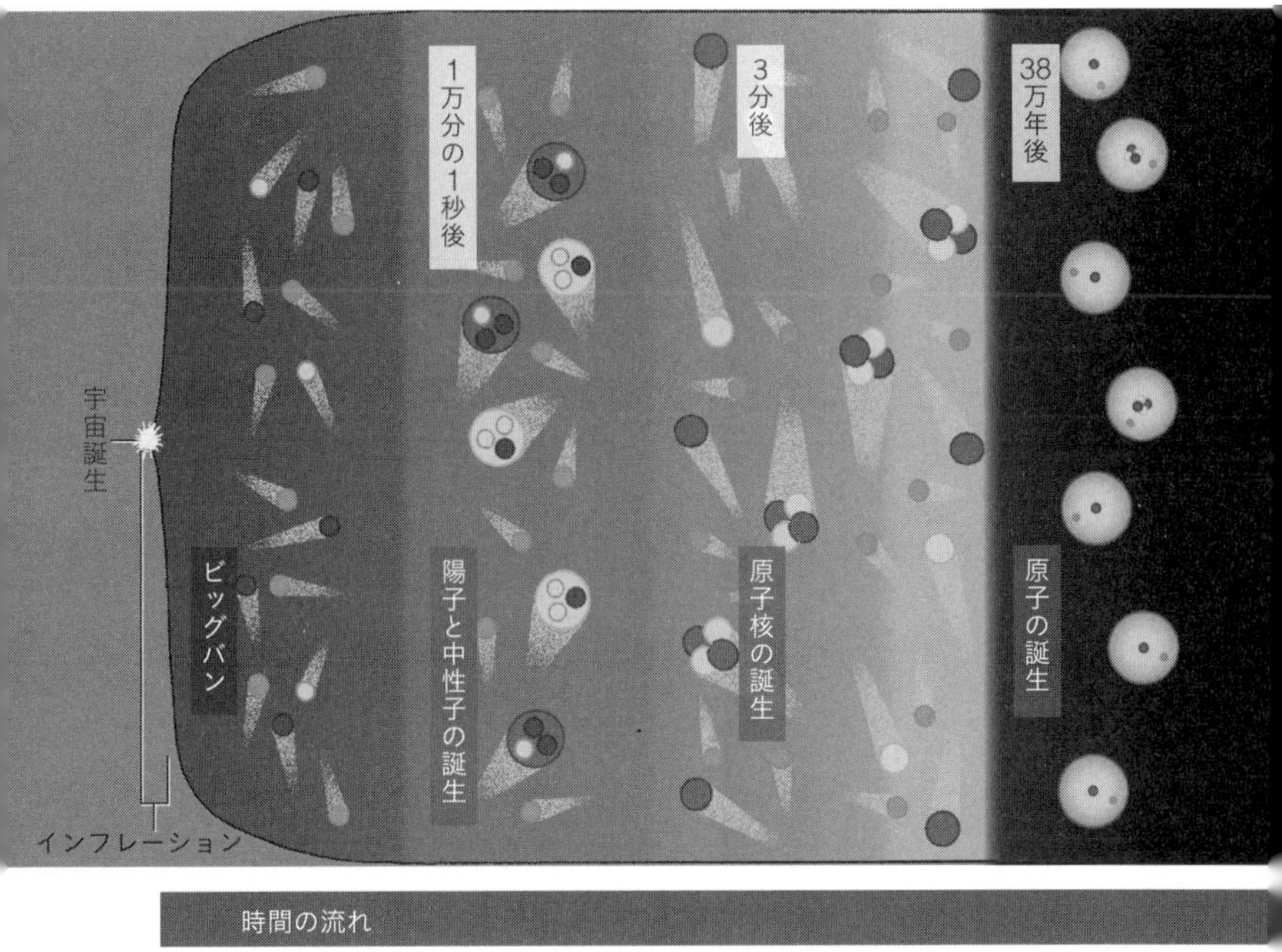


**図2-4.　模式的にえがいた宇宙の歴史**

後、宇宙が膨張するにしたがって温度が下がり、しだいに素粒子どうしが結びつきはじめます。そして宇宙誕生から38万年後に、原子が誕生します。

その後は天体すら存在しない「暗黒の時代」がつづくことになります。この時代には長い間、星もありませんでした。宇宙で最初の恒星が誕生したのは、前述したように宇宙誕生から約3億年後のことです。それ以後、恒星の集団である銀河も少しずつ形をなしていきます。

さらに、多数の小さな銀河が衝突と合体をくりかえすことで、今日見られるような立派な銀河に成長していきました。地球をはじめとする「太陽系」が誕生したのは、宇宙誕生から数えると約92億年後、今から約46億年前になります。

## 宇宙は「無」からはじまった？

では、ここから宇宙誕生後のくわしい宇宙の歴史を見ていきましょう。

この宇宙がどこからどうやって誕生したのかは、人類史上最大の難問だといえるでしょう。現代物理学はこの難問に挑戦しつづけ、さまざまな仮説が提唱されています。有力な仮説の一つが、１９８２年にアメリカの物理学者、アレキサンダー・ビレンキン博士（１９４９〜、図２−５）がとなえた「無からの宇宙創生論」です。

この理論では、宇宙は「究極の無」から生まれたと考えます。ここでいう無とは「物質がない」のはもちろんのこと、「時間や空間すらない」ことを指します。

**図2-5.　アレキサンダー・ビレンキン**

ただし、無とはいっても完全に静止した状態ではなく、状態がゆらいでいました。そのゆらぎの中で宇宙の〝卵〟が誕生と消滅をくりかえしていたというのです。そして、その中でたまたま生まれた宇宙の卵の一つが急激に膨張し、約138億年かけて現在の大きさにまで成長した、というのがビレンキン博士の考えです。ビレンキン博士は物理学を駆使することで、この結論を導きだしました。しかし無からの宇宙創生論は証明されたわけではなく、あくまで仮説にすぎません。まだ宇宙の誕生については、はっきりとしたことはわかっていないのです。

# 一瞬で急激な膨張をおこした宇宙

生まれた瞬間の宇宙は、$10^{-26}$センチメートルほどで原子よりも小さなものでした。誕生直後、このミクロな宇宙は想像を絶するほどの急激な膨張をとげたと考えられています。あるモデルによると、1秒の1兆分の1の、1兆分の1の、さらに1000億分の1ほどの間（$10^{-34}$秒）に、宇宙が1兆の1兆倍の1兆倍の、さらに1000万倍の大きさになった（$10^{43}$倍）というのです。天文学的数字という言葉があるように、宇宙や天文学にはこのようなとんでもなく大きな数がたびたび登場します。その中でもこれは、群を抜いて大きい数だといえるでしょう。

この誕生直後の宇宙の急激な膨張は「インフレーション」とよばれています。インフレーションは「膨張」を意味する英語で、「物価の継続的な上昇」を意味する経済用語としても有名です。1980年ごろにインフレーション理論を提唱したアメリカのアラン・グース博士（1947～）が、この語を誕生直後の宇宙の膨張の名前としてあてました。なお東京大学名誉教授の佐藤勝彦博士（1945～）

**図2-6.　誕生直後の宇宙でおきた「加速度的な膨張」**

も、同様の理論を独自に提唱したことで知られています。

このインフレーションによって、ミクロの宇宙が一瞬で巨大化したのです。なおインフレーションはただの膨張ではありません。「加速度的な膨張」、つまり時間がたつほど速度を増していくような膨張でした（図2－6）。

ミクロな宇宙には、物質や光は存在していませんでしたが、インフレーションを引きおこす何らかのエネルギーが満ちていたと考えられています。しかし、くわしいことはわかっておらず、理論的な研究がつづけられています。

## 灼熱状態の宇宙が誕生した「ビックバン」

想像を絶するインフレーションにも終わりがありました。あるときを境に、宇宙の膨張速度は急激に遅くなっていったと考えられています。

疾走していた車が急ブレーキをかけると、タイヤは摩擦熱で熱くなりますね。これは車の運動のエネルギーが熱のエネルギーに姿を変えたためです。インフレーションが終了するときも、これと同じようにエネルギーの移り変わりがおきました。それまで宇宙のインフレーションを引きおこしていたエネルギーが、別のエネルギーに変わったのです。別のエネルギーとは「物質と光と熱のエネルギー」です。つまり、インフレーションが終了すると同時に宇宙には物質と光が誕生し、高温の世界になりました。この灼熱状態の宇宙の誕生が、いわゆる「ビッグバン」です。

ビッグバンは、宇宙の誕生を漠然と指す言葉として使われることもあります。しかし現代宇宙論では、ビッグバンとは「インフレーション後におきた灼熱状態の宇宙の誕生」という意味で使われており、本書でもその意味で使用します。

灼熱状態の宇宙は「火の玉宇宙」ともよばれ、１兆度以上はあったと考えられています。このときに誕生したのが、前出した素粒子です。このころの宇宙は、前述のようにさまざまな素粒子がバラバラに空間を飛びかっているような世界だったと考えられています（図２−７）。宇宙が高温すぎたため、物質は最もバラバラになった状態、すなわち素粒子の状態で存在していたのです。

なお、このときの宇宙の大きさですが、今の宇宙の大きさもはっきりしていないため、明確なことはいえません。しかし現在は１００億光年以上先まで宇宙を

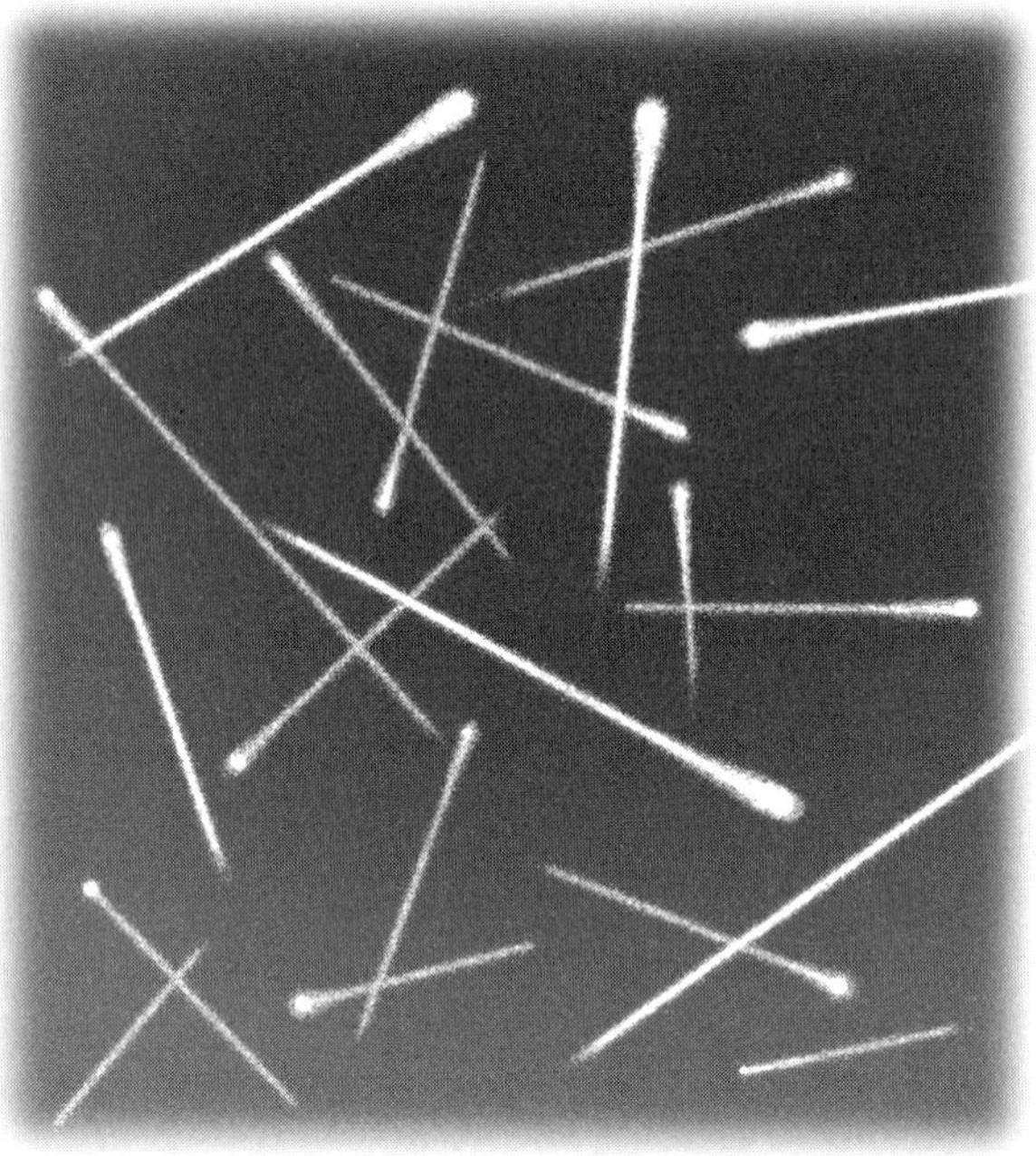

**図2-7.　灼熱状態の宇宙**

「火の玉宇宙」では、さまざまな素粒子がバラバラに空間を飛びかっていた。

観測することができ、その範囲であれば、当時はおよそ1センチメートルだったと考えられます。ビッグバンがおきたのは、宇宙誕生から$10^{-34}$秒後程度だと考えられています。その間に原子よりも小さなものが1センチメートル以上になったわけですから、とてつもない急膨張だったことがわかりますね。

## 宇宙誕生から1万分の1秒後に誕生した「陽子」と「中性子」

宇宙誕生から約1万分の1秒（$10^{-4}$秒）後、宇宙の膨張によって、温度は約1兆度に下がってきました。すると、素粒子が飛びかうだけだった宇宙に大きな変化がおとずれます。ばらばらに飛びかっていた素粒子どうしが結びつき、陽子と中性子が誕生したのです。水素の原子核は陽子一つですので、このとき「水素」という元素（元素記号はH）のもとが宇宙にはじめて生まれたといえます（図2－8）。

水素は、周期表でいちばん最初にくる最も軽い元素です（原子番号1）。陽子が誕生したころの宇宙には、周期表に登場するそのほかの元素（原子核）は一つとして存在していませんでした。宇宙誕生から約3分後、宇宙の温度が10億度まで下がってくると、ようやく水素以外の元素も誕生しはじめます。「核融合反応」によって新たな元素の合成がおきはじめたのです。

核融合反応とは、原子核（陽子や中性子を含む）どうしが衝突・融合する反応のこ

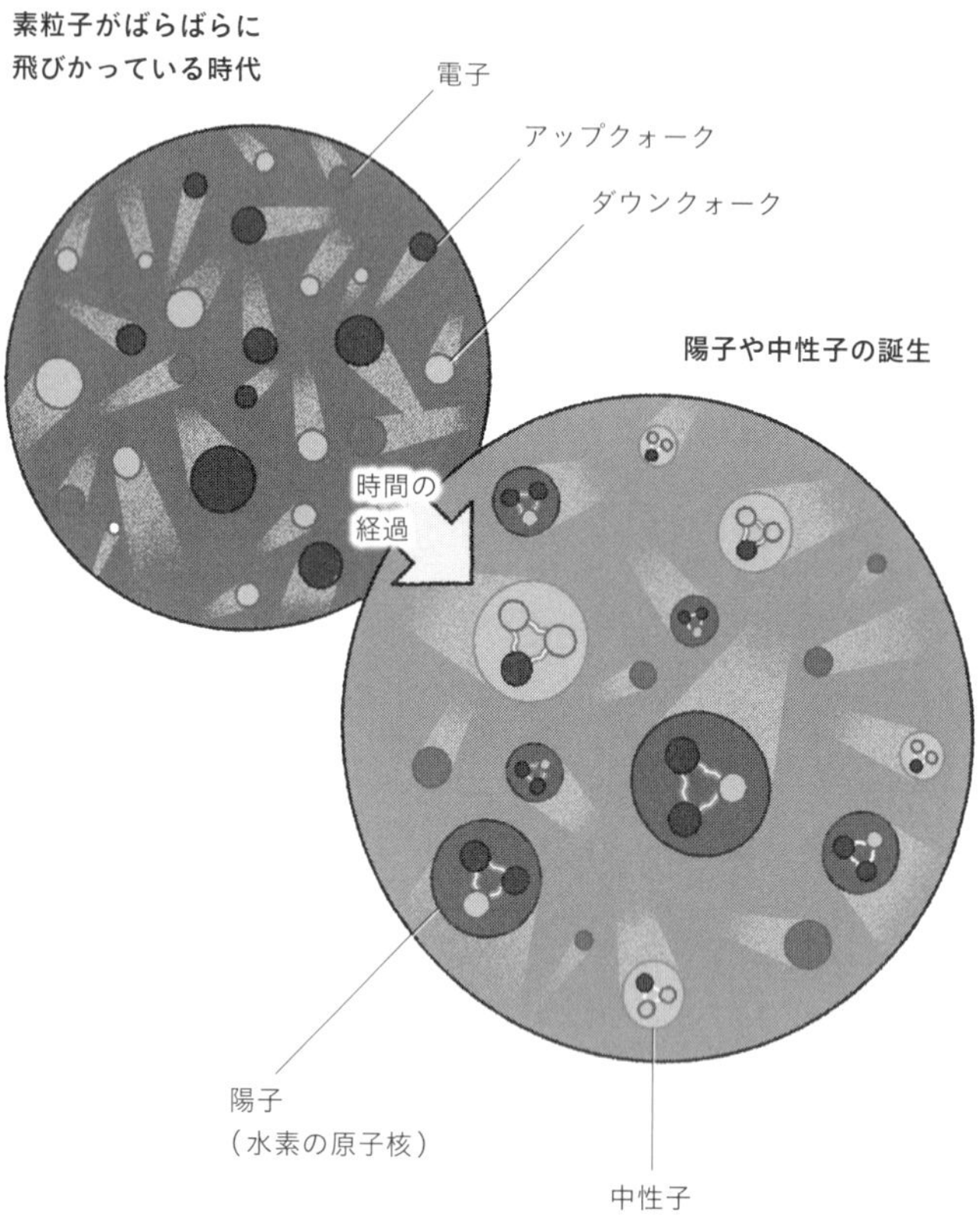


**図2-8.　宇宙誕生から1万分の1秒後に誕生した「陽子」と「中性子」**

水素の原子核は陽子一つ。このとき「水素」のもとが宇宙にはじめて生まれた。

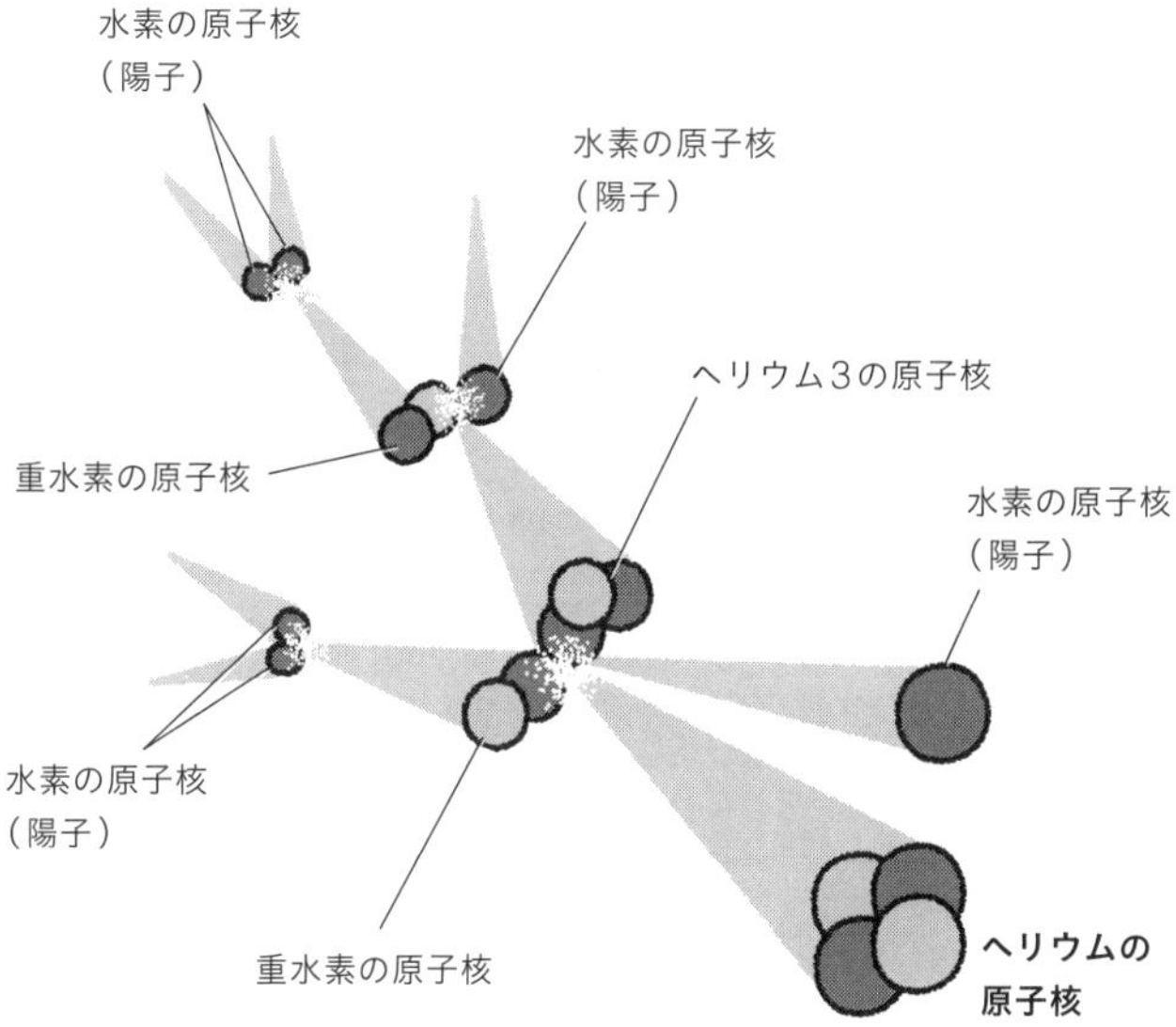


**図2-9.　核融合反応の代表的な例**

4個の水素原子核（陽子）から、ヘリウムの原子核がつくられる。

とです。ばらばらに飛びかっていた陽子や中性子が融合し、そうしてできた原子核に、さらにほかの原子核が融合し、より大きな原子核ができていきました。図2－9は、このときにおきた核融合反応の代表的な例を示しています。

ビッグバンから20分ほどたつと、宇宙の温度が下がり、核融合反応は終わってしまいます。核融合反応がおきるには高温・高密度な状態が必要なためです。このとき水素に

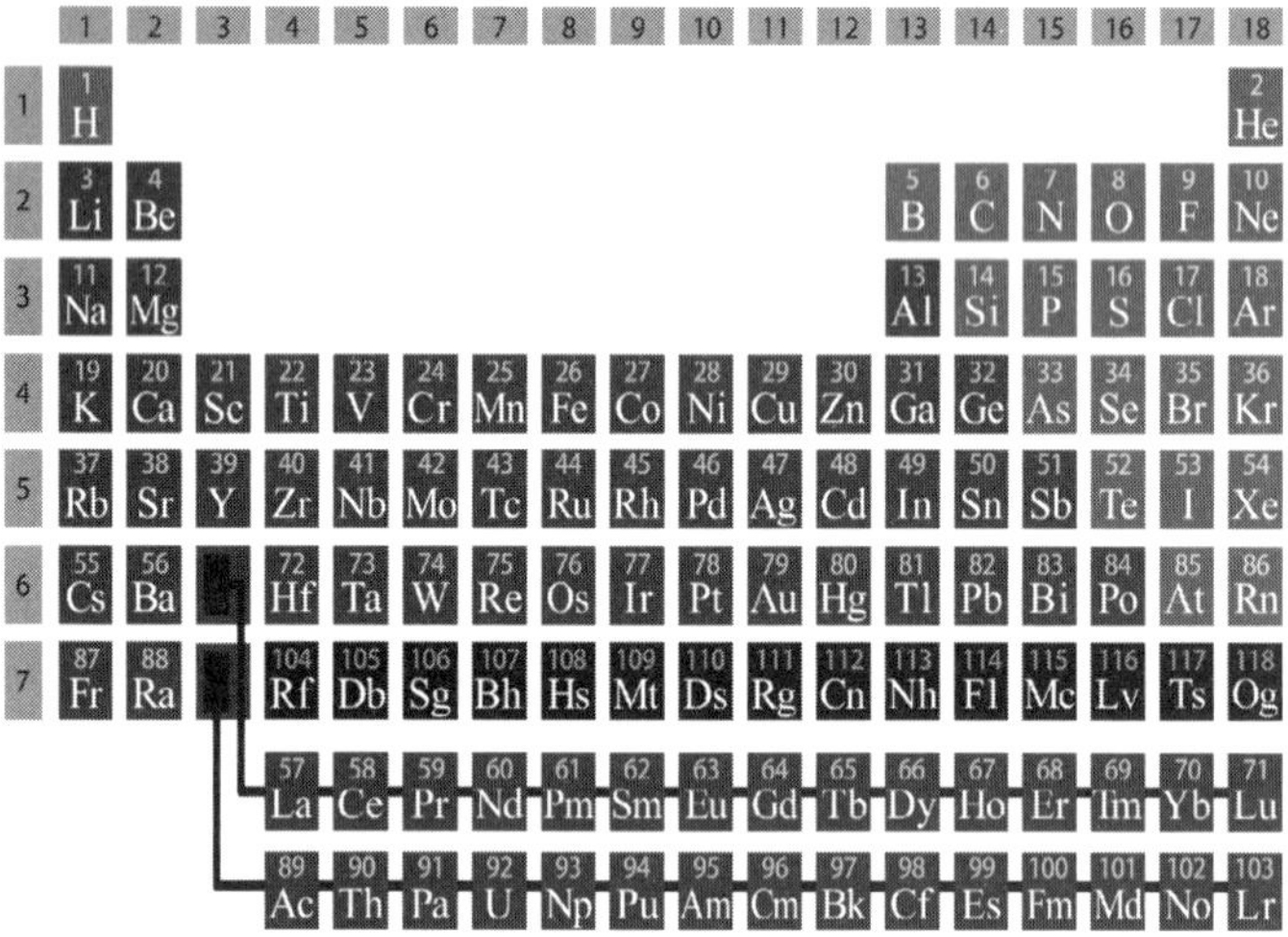


**図2-10.　元素の周期表**

宇宙誕生から3億年程度の間は、「水素」「ヘリウム」「リチウム」という3種類の元素しか存在しなかった。

加えてできた元素はヘリウム（He、原子番号2）とごくわずかなリチウム（Li、原子番号3）でした。

現在の宇宙には、さまざまな元素が存在しています（図2－10）。しかしこのあと3億年程度の間、宇宙には3種類の元素しか存在しなかったのです。初期の宇宙は、物質的な多様性のない宇宙だったといえるでしょう。

## 宇宙が「透明」になったのは、誕生から38万年後

核融合反応によってヘリウム原子核がつくられたあとも、あまりの高温のため、原子核と電子はばらばらに空間を飛びかっていました。それから時代は一気に下り、宇宙誕生から約38万年後、宇宙がさらに膨張したことにより、宇宙の温度は3000度程度にまで下がります。

温度が下がるということは、電子や原子核の飛びかう速度が遅くなることを意味します。そのため遅くなった電子は、電気的な引力によって原子核に〝つかまる〟ようになります。こうして電子は原子核の周囲をまわるようになりました。宇宙誕生から約38万年たってようやく原子が誕生したのです。

さらに、このときもう一つ重要なことがおきました。霧がかかったように不透明だった宇宙が透明になったのです。原子が誕生する前、電子は空間を自由に飛びかっていました。そのため光はすぐに電子とぶつかってしまい、まっすぐに進めず、宇宙は霧がかかったように不透明な状態だったのです。

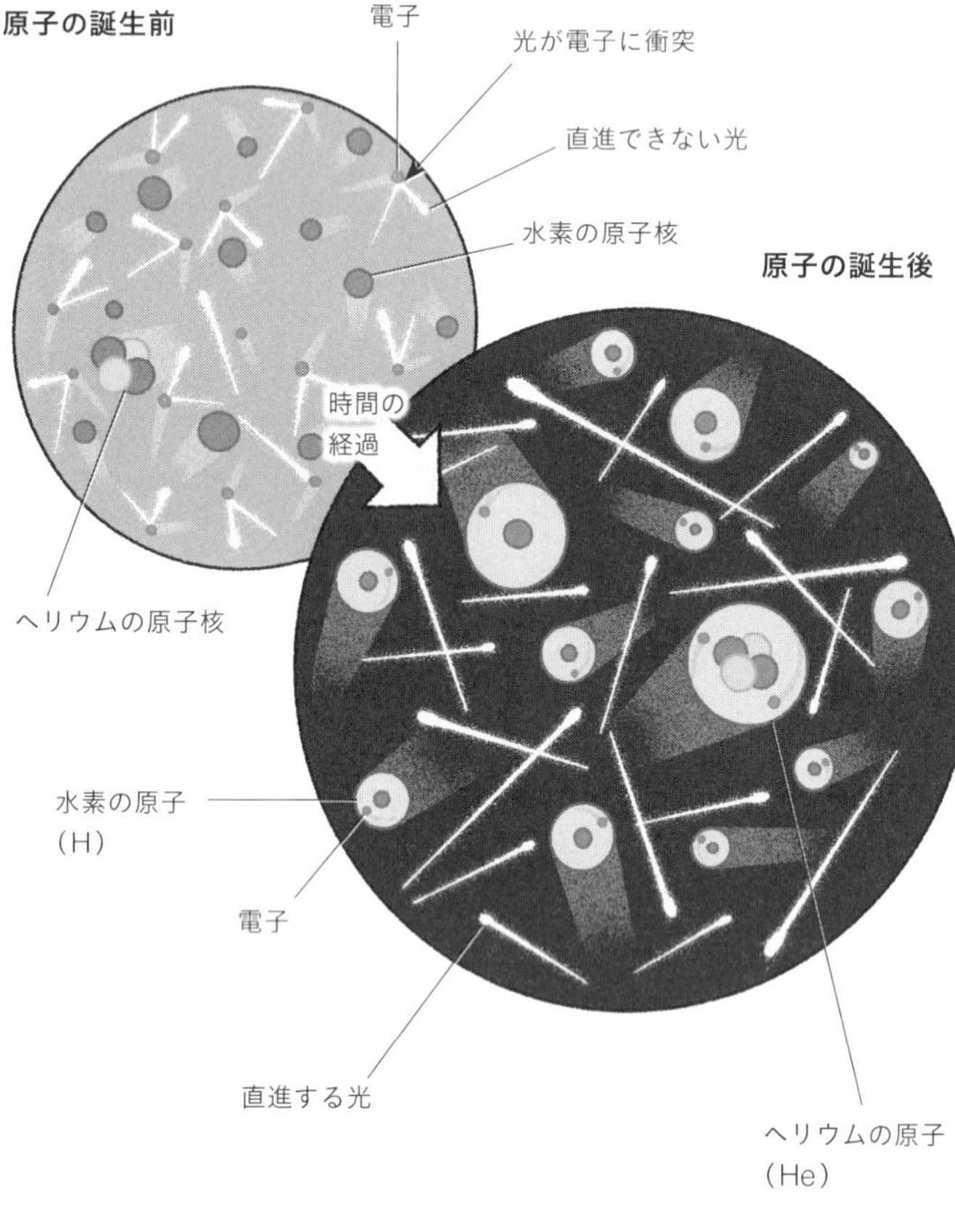


**図2-11.　宇宙の晴れ上がり**

原子が誕生し、光がまっすぐに進めるようになったことで、
宇宙は透明になった。

霧は微細な水滴の集まりですから、霧の向こう側からやってくる光は、水滴にあたってまっすぐに進めません。そのため、向こう側が見通せません。初期の宇宙も同じような状況だったのです。しかし原子が誕生し、空間を自由に飛びかう電子がなくなると、光はまっすぐ進めるようになります。これは霧が晴れた（微細な水滴がなくなった）ことに相当し、宇宙はこのときになってようやく透明になったのです。これを「宇宙の晴れ上がり」とよびます。

## ビッグバンのなごりの光

宇宙誕生から38万年後、原子が誕生したことにより光がまっすぐ進めるようになりました。このときの光は、何と138億年をかけて現在の地球にも届いています。この光を「宇宙背景放射」といいます。宇宙背景放射とは、原子が誕生する前までに宇宙空間をまんべんなく満たしていた光です。宇宙全体が3000度以上もの高温だったため、宇宙全体は光で満ちていました。この光が宇宙背景放射として全天のあらゆる方向から、現在の地球へとやってきています（図2－12）。

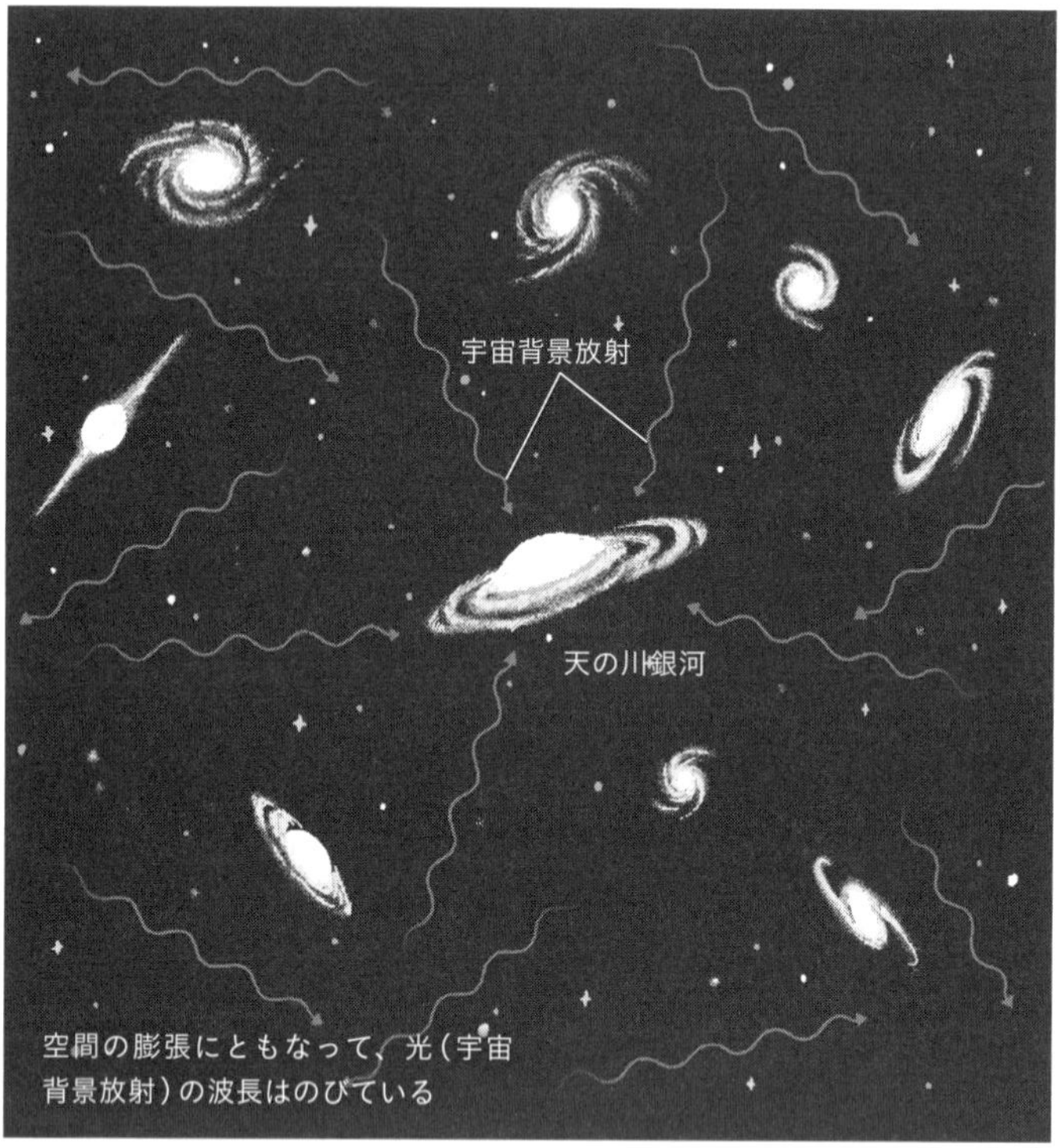


**図2-12.　宇宙背景放射**

宇宙背景放射は、もし別の銀河から観測したとしても、あらゆる方向からほぼ均等にやってくることになる。

ただし、宇宙背景放射は目視することはできません。私たちは、特定の範囲の長さの波長の電磁波を可視光として目で見ています。しかし138億年前の宇宙で放たれた光は、時間とともに宇宙空間の膨張の影響で、波長が引き伸ばされてしまっています。その結果、現在は可視光の範囲をこえて波長が引き伸ばされた「マイクロ波」になっているのです。マイクロ波はレーダーや電子レンジなどで使われる電磁波で、目でとらえることはできません。

宇宙背景放射は、1965年にアメリカのアーノ・ペンジアス博士（1933〜）とロバート・ウィルソン博士（1936〜）により、はじめて観測されました。彼らは宇宙背景放射をねらって観測していたわけではありません。マイクロ波の受信機の性能を試験していたときに偶然、測定を邪魔する〝ノイズ〟の存在に気づいたのです。このノイズこそ、宇宙背景放射でした。

ちなみに、実は多くの人が知らないうちに宇宙背景放射を見ています。かつて放送されていたアナログテレビでは、番組が放送されていないときに砂嵐が映っていましたね。あれはテレビ放送に関係ない電波がアンテナに受信されるなどして、画面に表示されたものです。この砂嵐のうち約1％が、宇宙背景放射によるものだといわれています。

この宇宙背景放射の発見は、宇宙の研究史においてきわめて重要な意味をもっています。なぜなら灼熱宇宙の誕生「ビッグバン」が、たしかに過去におきたことを示す証拠だからです。発見に先立つ1948年、ロシア生まれのアメリカの物理学者ジョージ・ガモフ博士(1904〜1968)とその共同研究者たちは、宇宙は高温・高密度の灼熱状態として誕生したとする、今日でいう「ビッグバン仮説」を提唱しました。しかし当時はビッグバンについて、否定的な考え方も多くありました。

一般にあらゆる物体は、その温度に応じた波長の光を出します。ですからガモフ博士らは「灼熱状態の宇宙には、その温度に応じた光が満ちている」と考え、「現在の宇宙でも観測できるはずだ」と予言していました。その光が宇宙背景放射です。ペンジアス博士とウィルソン博士が発見した宇宙背景放射の波長は、ガモフ博士らが予言していた波長と非常に近いものでした。ペンジアス博士とウィルソン博士はこの業績によって1978年、ノーベル物理学賞を受賞しています。

さて、少々話は変わりますが、第1章で、観測可能な範囲は130億光年程度だとお話ししましたね。なぜそれより先の観測ができないのか、ということについて考えてみましょう。

光の速さは秒速30万キロメートルです。とても速いですが、無限の速さではありません。つまり、光がある距離を進むには必ず時間がかかるのです。そのため遠くの物を見るときには、必ず「過去の姿」を見ていることになります。

太陽から地球まで光は８分かかりますから、今見える太陽は８分前の姿です。それから、最も近くの恒星であるケンタウルス座プロキシマ星は約４光年先にあるため、望遠鏡で見えるのは４年前の姿ということになります。アンドロメダ銀河は２５０万光年はなれているので、２５０万年前の姿です（図２－13）。

先ほどお話しした宇宙背景放射は、約１３８億年前、原子が誕生したころの38万歳の宇宙からやってきた光です。つまり宇宙背景放射はそれだけ遠くの宇宙の領域からやってきたことになります。

前述したように、38万歳以前の宇宙は霧がかかった状態でした。つまり、ここから先の領域からは地球まで光が届かないため、38万歳以前の宇宙の光は観測できないということになります。別のいい方をすれば、１３８億年前に宇宙背景放

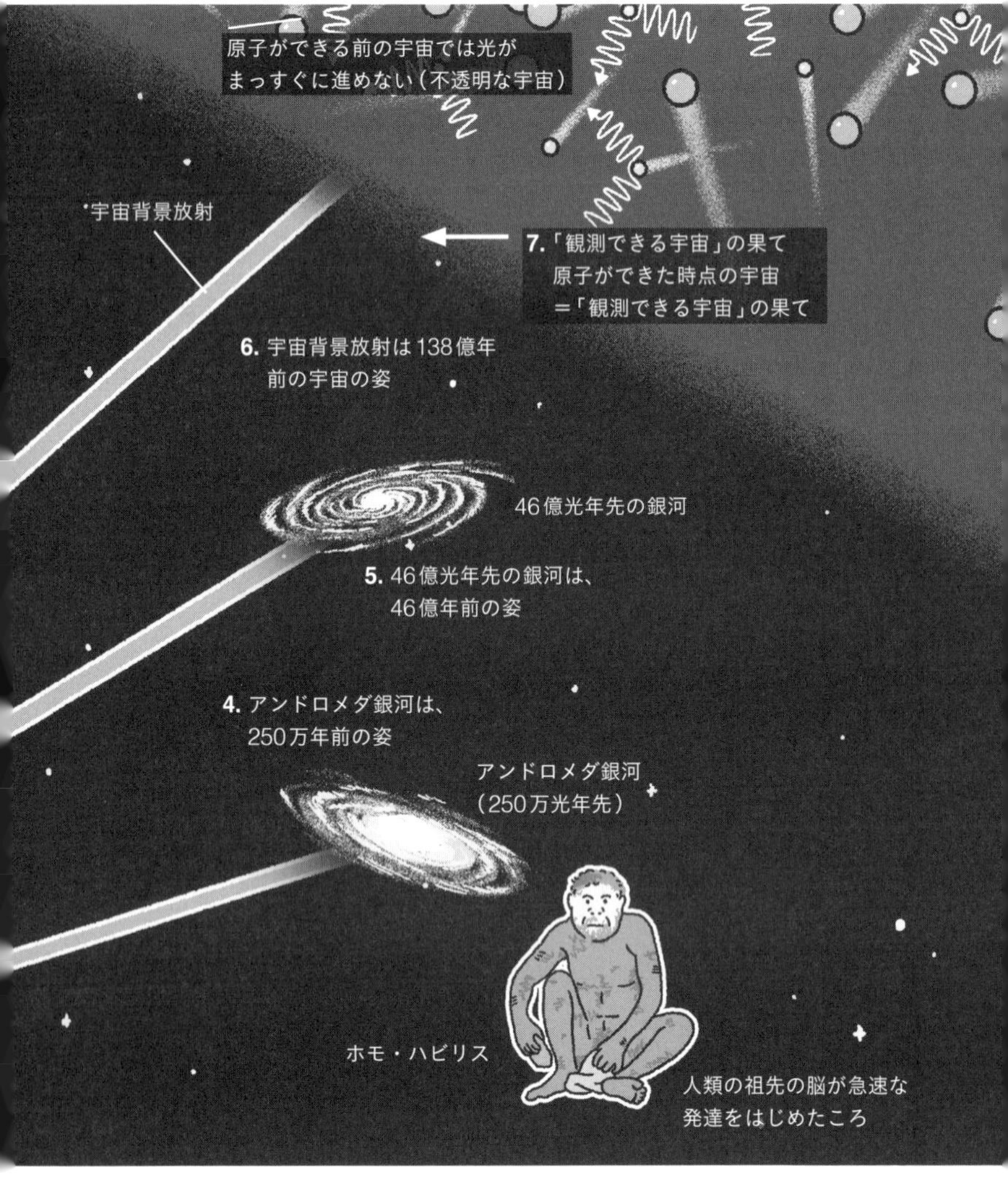

原子ができる前の宇宙では光が
まっすぐに進めない（不透明な宇宙）
*宇宙背景放射
7.「観測できる宇宙」の果て
原子ができた時点の宇宙
=「観測できる宇宙」の果て
6. 宇宙背景放射は138億年
前の宇宙の姿
46億光年先の銀河
5. 46億光年先の銀河は、
46億年前の姿
4. アンドロメダ銀河は、
250万年前の姿
アンドロメダ銀河
（250万光年先）
ホモ・ハビリス
人類の祖先の脳が急速な
発達をはじめたころ

**図2-13.　私たちが遠くの物を見るときは、**
**必ずその物の「過去の姿」を見ている**

射の発せられた場所が「観測できる宇宙」の果てなのです。

## 「暗黒の時代」は2億年つづいた

原子が誕生したあとの宇宙は、とくに大きな変化のない時代が約2億年間もつづきます。この時代には太陽のような恒星はもちろん、天体とよべるようなものは存在していなかったと考えられており、「宇宙の暗黒時代」とよばれています。ほとんど水素とヘリウムのガス（気体）だけがただよう世界でした。ただ、この時代は恒星や銀河などが生まれる環境をゆっくりとはぐくんだ時代ともいえます。その原動力は「重力」です。

宇宙にただようガスには、わずかながら重さ（質量）がありますから、周囲に重力をおよぼすことができます。ガスの密度に少しでもむらがあると、密度が周囲よりも高い領域は、周囲におよぼす重力がわずかに大きいためガスを周囲から集めます。すると、さらに密度が上がって重力も強くなり、より多くのガスを周囲から集めるようになります。このようにして、宇宙ではガスの濃淡が少しずつ成

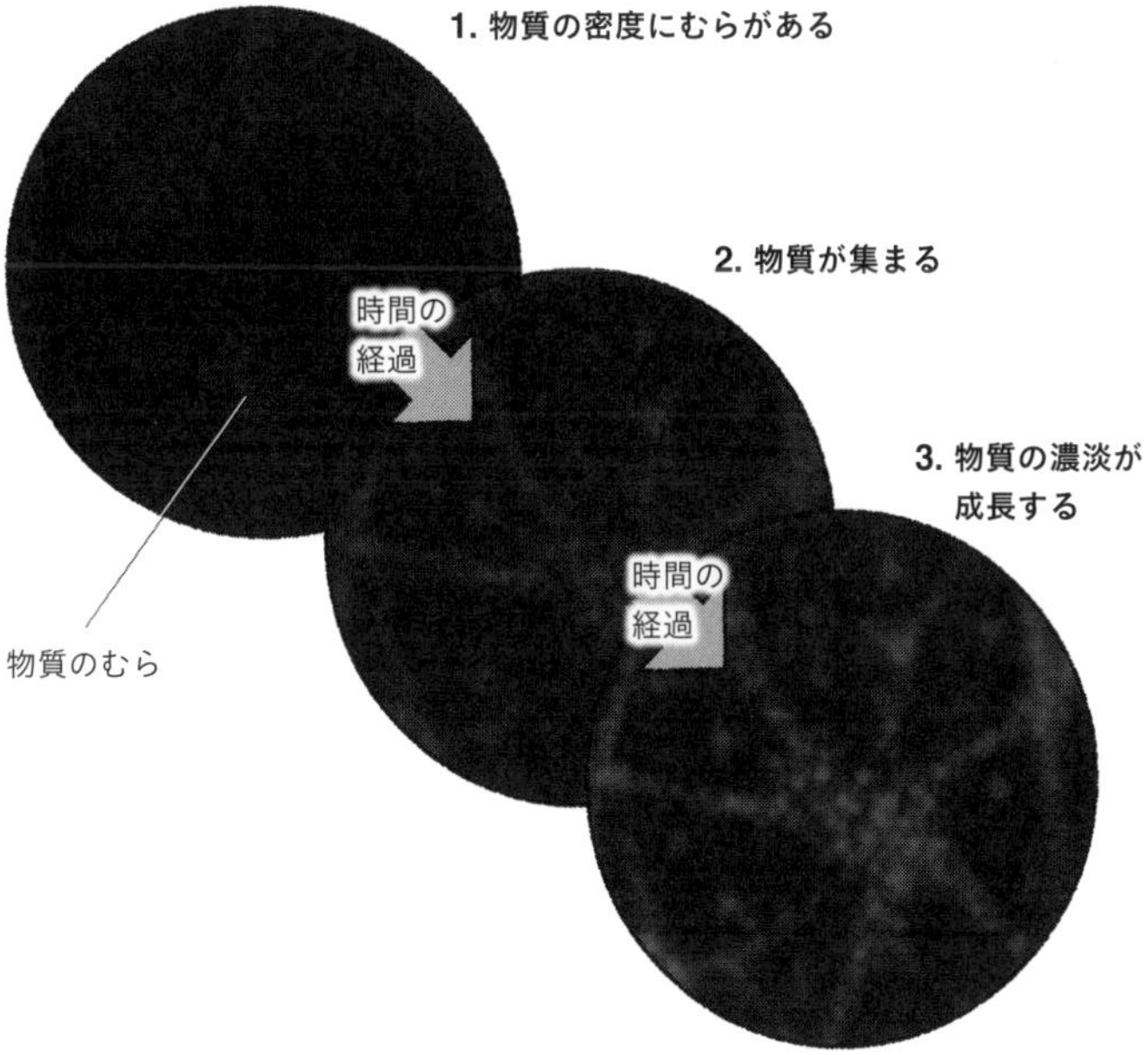


**図2-14.　物質の濃度にむらがあると、濃い部分にどんどん物質が集まってくる**

長していきました（図2－14）。そして宇宙誕生から3億年ほどたつと、ガスの濃い部分から天体が生まれることになります。

## ガスのかたまりから宇宙初の「恒星」が誕生

何もなかった宇宙にいよいよ天体が誕生します。今お話ししたように宇宙に漂うガスは、宇宙誕生から約3億年たったころ、あちらこちらで太陽の重さの100分の1くらいのガスのかたまりへと成長しました。これが「星の種」となります。この種が1万年から10万年かけて、周囲からガスをさらに集めました。そして巨大な恒星「ファーストスター（第1世代の恒星）」へと成長していったのです。

恒星とは、自ら光り輝く天体のことです。内部でおきる核融合反応で発生するエネルギーが輝きの源になっています。ファーストスターは非常に巨大なものが多かったようです。重さ（質量）は太陽の数十倍から100倍だったと考えられています（図2－15）。

また、太陽の表面温度は約6000度ですが、ファーストスターの表面温度は10万度に達していたと推定されています。恒星の色は高温になるほど青白くなる

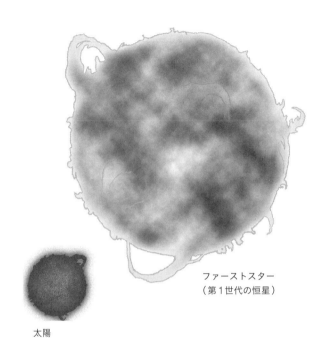

**図2-15.　ファーストスターと太陽**

ファーストスターの重さ（質量）は太陽の数十倍～100倍、
表面温度は10万度、明るさは数十万倍～100万倍。

ため、ファーストスターは青白く輝いていたことでしょう。明るさは太陽の数十万倍～100万倍だったと考えられています。

ファーストスターは、この宇宙に存在するさまざまな元素を生みだしました。いわば〝元素の製造工場〟として、宇宙の歴史の中で大きな役割を果たしたのです。

## さまざまな元素をつくりだした「恒星の大爆発」

ファーストスターの中心部では、原子核どうしが結びつく核融合反応がおき、水素（元素記号H）の原子核から、ヘリウム（He）の原子核が合成されます。さらに中心部で水素がつきると、今度はヘリウムの原子核どうしが核融合反応をおこし、炭素（C）の原子核などが合成されます。恒星の中心部では、軽い元素の原子核が〝燃えつきる〟たびに、より重い元素の原子核が核融合反応の燃料として使われるようになり、さらに重い元素の原子核が合成されていくのです。

内部でどんどん核融合反応の燃料が使われると、やがてファーストスターは晩年をむかえます。このとき、ファーストスターには大きな変化がおきます。恒星を縮める方向にはたらく重力と、恒星を膨らませる方向にはたらくガスの圧力とのバランスがくずれるために、どんどん膨張していくのです。ファーストスターの場合、半径がもとの100倍以上にまで膨れあがったと考えられています。

膨張した星の内部では、最後に鉄（Fe、原子番号26）ができて、核融合反応は終わりをむかえます。鉄は最も安定した原子核で、それ以上の核融合反応がおきないためです。そして核融合反応を終えた恒星は「超新星爆発」とよばれる大爆発をおこして死を迎えます。ファーストスターは、誕生から約300万年後に超新星爆発をおこしたと考えられています。この超新星爆発によって、ファーストスターの内部でつくられたさまざまな元素が宇宙にばらまかれました（図2−16）。

ファーストスターが誕生する前、水素とヘリウムくらいしかなかった宇宙に、さまざまな元素が供給されたのです。

さらに爆発のエネルギーによって、鉄より重い元素もつくられた可能性があります。こうした元素を材料にして、第2世代以降の恒星がつくられていきました。私たちの身のまわりにある物質、さらには私たち自身も恒星がつくった元素によってできているのです。

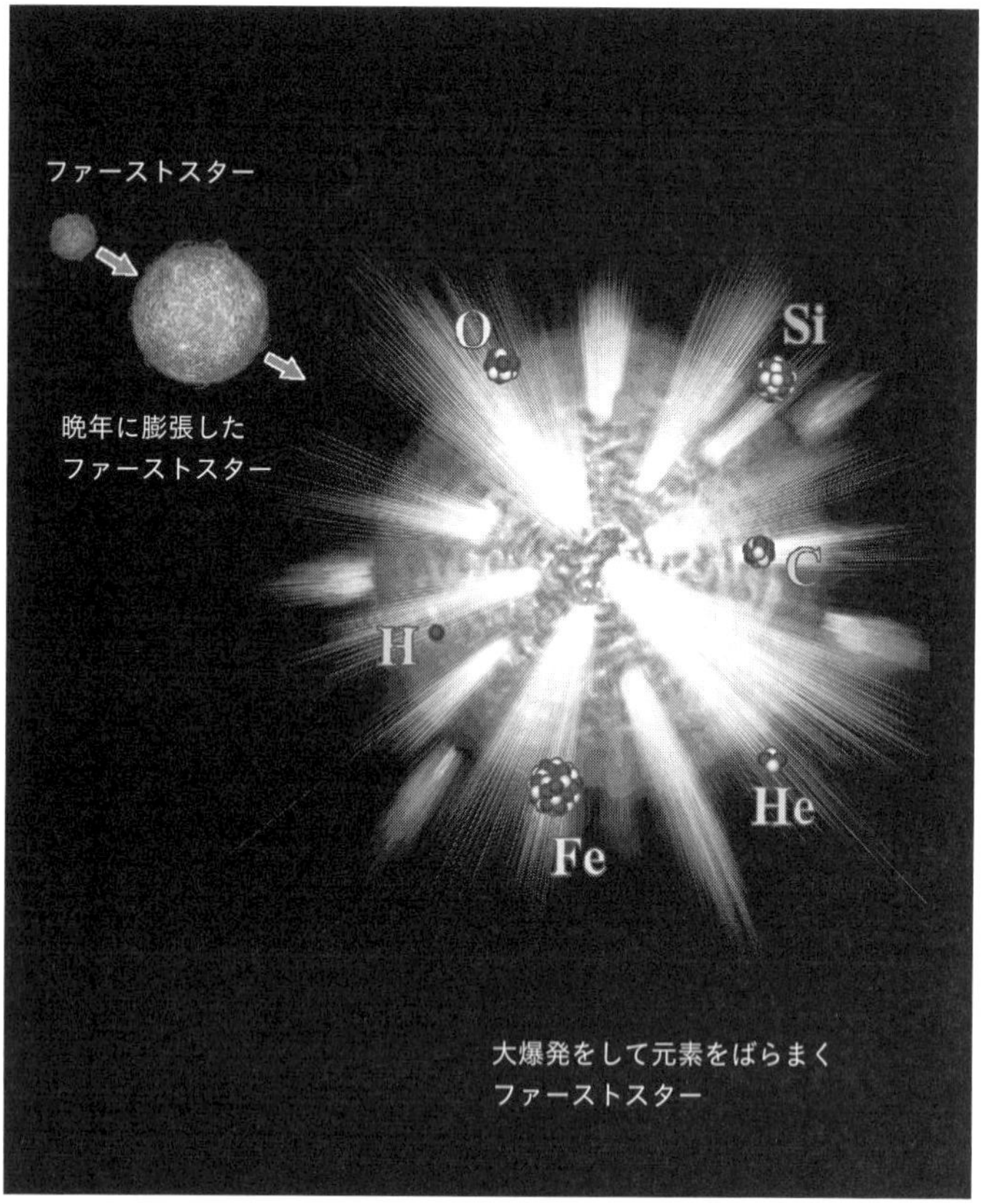


**図2-16.　ファーストスターは膨張後、
大爆発をして元素をばらまいた**

## 光さえ飲み込む「ブラックホール」

**図2-17.　事象の地平線**

ファーストスターが超新星爆発をおこしたあと、その爆発の中心には「ブラックホール」が残されます。ブラックホールは強い重力によって、光を含むあらゆるものを飲み込む球状の領域のことです。この球状の領域の境界面（球面）を、「事象の地平線」または「事象の地平面」といいます（図2－17）。

この境界面から内側に飲み込まれると、何物も脱出することはできません。ですから、ブラックホールの背後にある星からの光は、ブラックホールに飲み込まれて反対側には出てきません。ブラックホール自身も光を出さ

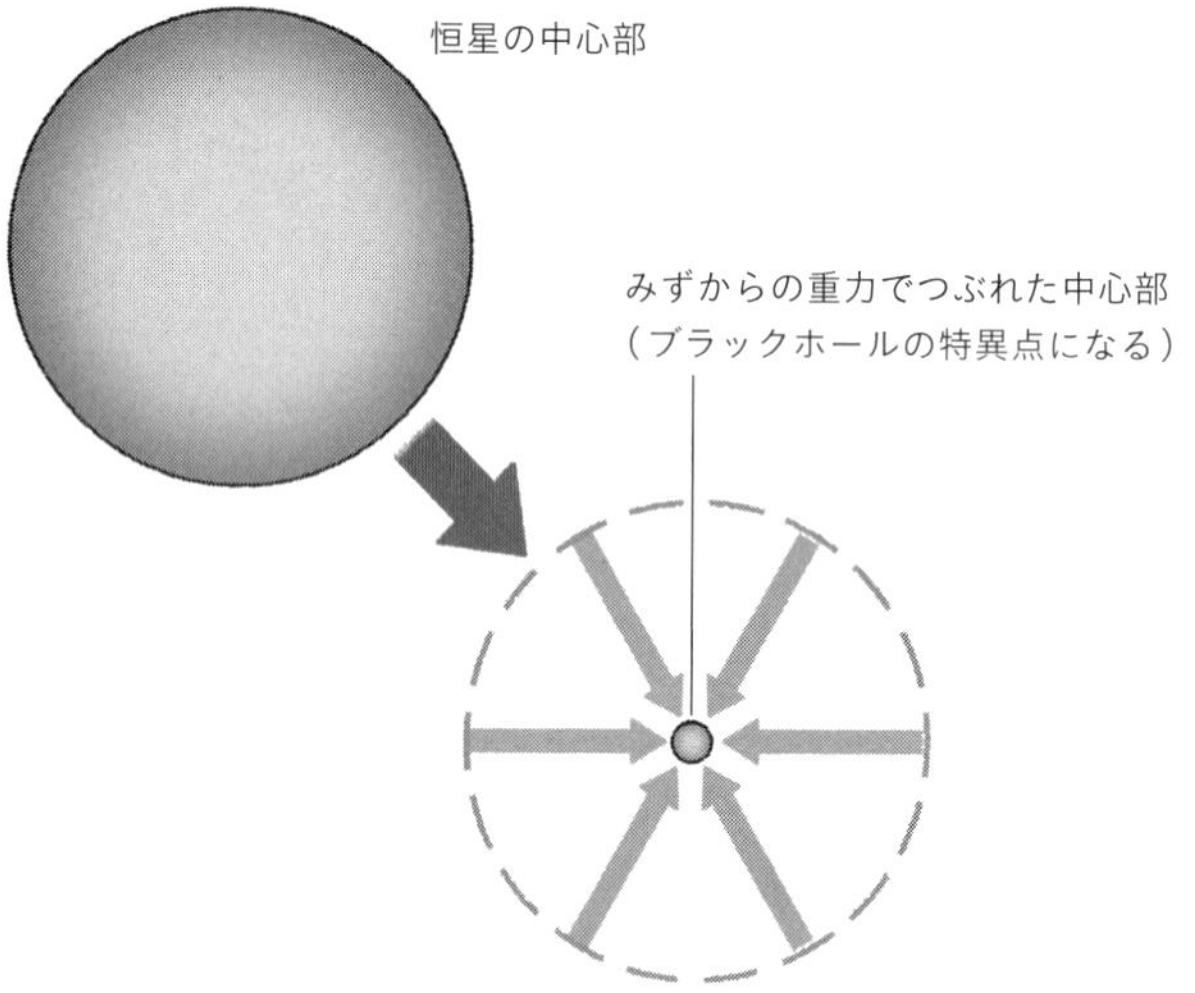


**図2-18.　ブラックホールの特異点**

ないため、ブラックホールは文字通り、宇宙空間にあいた黒い穴のように見えることになります。ファーストスターのあとにできたブラックホールの大きさは30キロメートル程度だったと考えられています。

このようなブラックホール内部の中心には、理論上、密度が無限大に達する「特異点」という〃点〃があると考えられています。特異点は、もとの恒星の中心部の物質がみずからの重力でつぶれてできたものです（図2－18）。重い星の場合、太陽の10倍程度の重さをもつブラックホールが形成されることになり、その重さはすべて特異点に集中しています。

ファーストスターにかぎらず、太陽の20倍程度以上の重さの恒星は、その生涯の最期に超新星爆発をおこし、ブラックホールを残します。このあとの宇宙の歴史の中でも、ブラックホールはつねにつくりつづけられました。

## 小さな銀河の種が集まってできた「巨大な銀河」

宇宙の暗黒時代に成長したガスの濃い部分からは、銀河も生まれました。宇宙で最初にできた銀河は、比較的少数の恒星からなる〝銀河の種（原始銀河）〟だったと考えられています。原始銀河がどれくらいの数の恒星からなるのか、また、いつ誕生したのかはよくわかっていません。ただし天文観測からは、宇宙誕生から約5億年後には、すでに銀河とよべるものが存在していたことが判明しています。

原始銀河は、近くの原始銀河と重力によって引き合い、衝突・合体をくりかえしました。こうして何億年や何十億年という歳月をかけ、小さいものから大きなものへ〝成長〟していったと考えられています（図2－19）。実は私たちの天の川銀

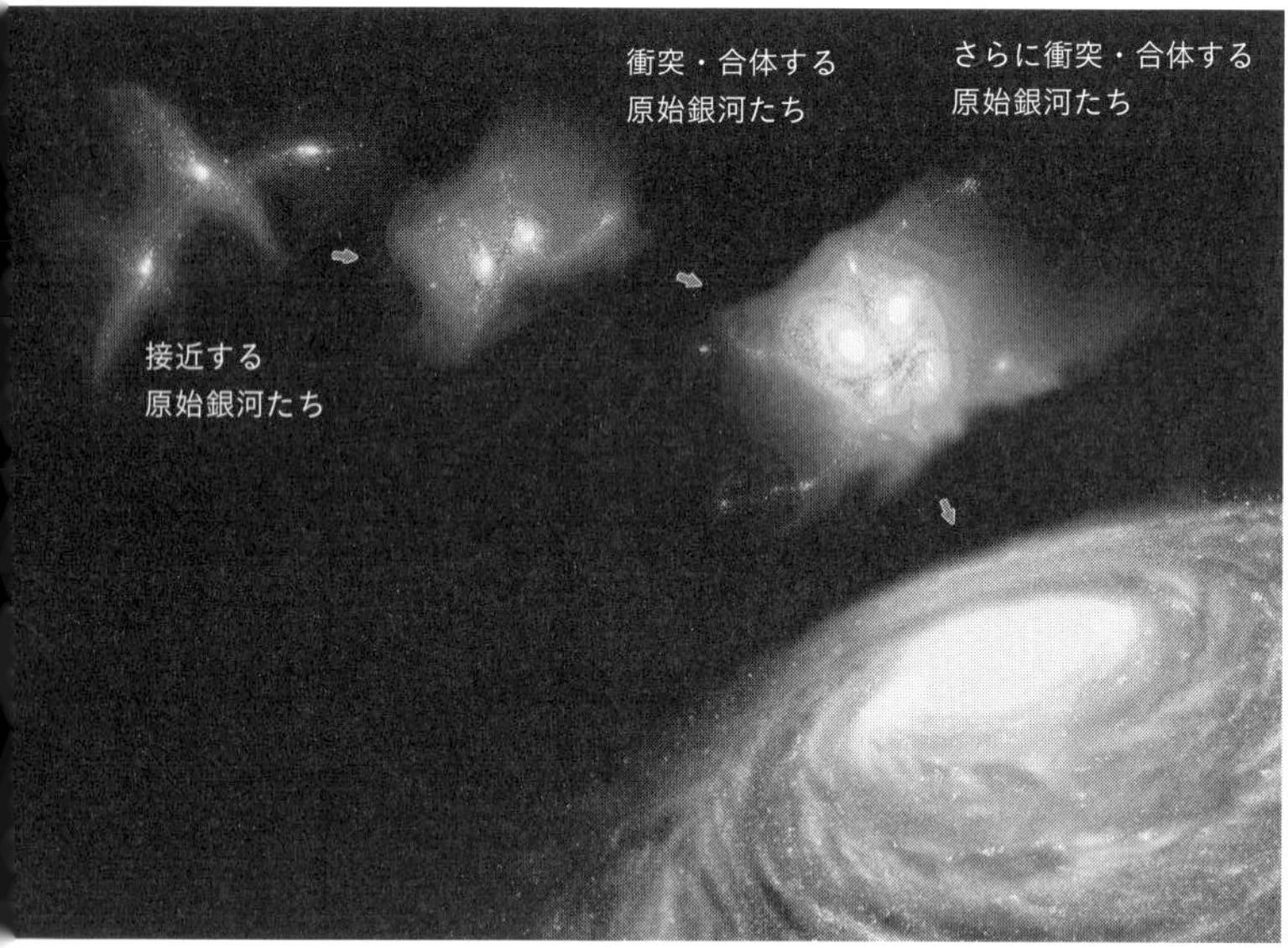


**図2-19.　成長していく銀河**

河も、近い将来アンドロメダ銀河と衝突すると予想されています。こちらについては、第5章で紹介しましょう。

ちなみに、第1章で私たちがくらす天の川銀河は目玉焼きのような形だとお話ししましたが、銀河の形にはいくつかのタイプがあります。天の川銀河のような渦を巻いた円盤状のほか、球状、ラグビーボール状（楕円体状）、不規則な形状のものなどさまざまな形があるので、図2－20を参照してみてください。

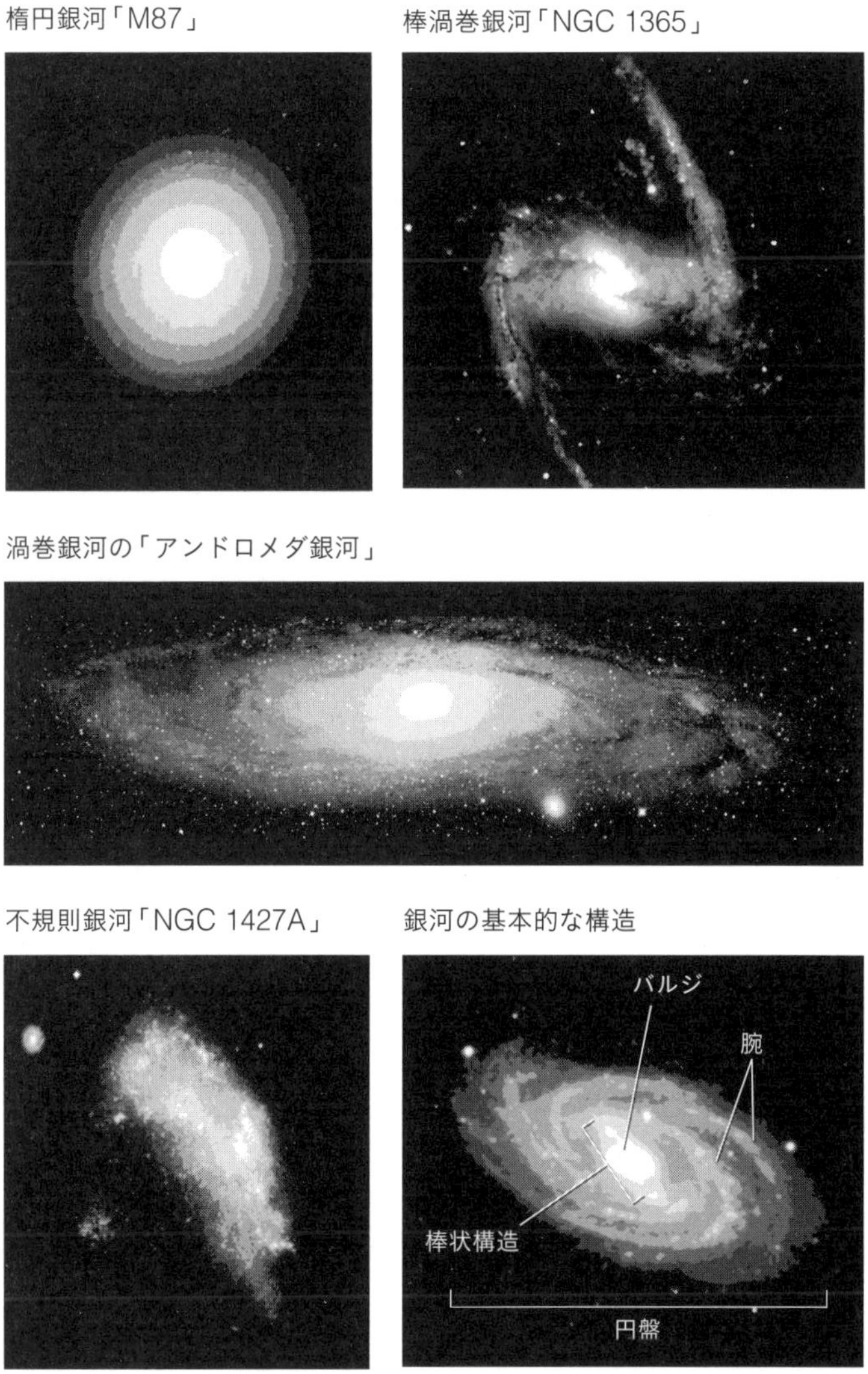
楕円銀河「M87」
棒渦巻銀河「NGC 1365」
渦巻銀河の「アンドロメダ銀河」
不規則銀河「NGC 1427A」
銀河の基本的な構造
バルジ
腕
棒状構造
円盤

**図2-20.　さまざまな形の銀河**

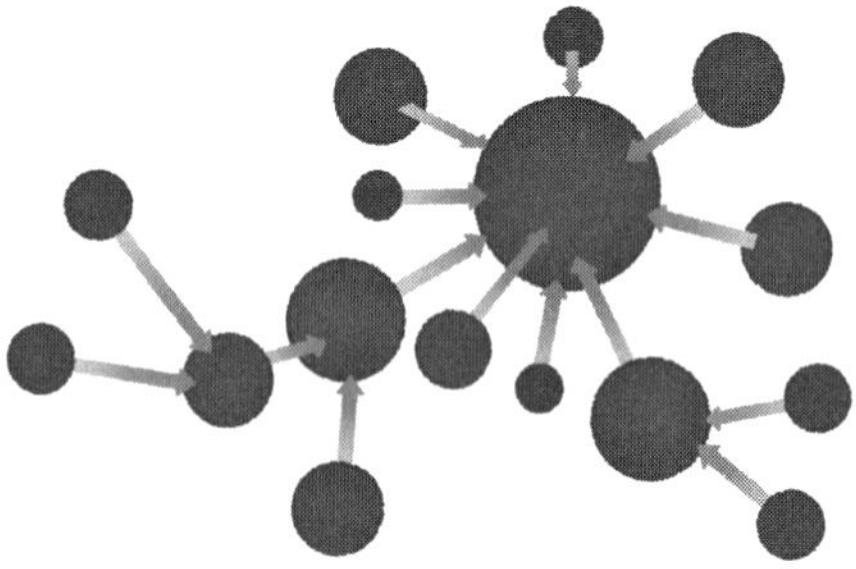

図2-21.　合体して成長するブラックホール

## 銀河の中心にあらわれた、巨大ブラックホール

私たちがくらす天の川銀河の中心には超巨大ブラックホールがあります。これは天の川銀河にかぎった話ではありません。ほかの銀河の中心にも巨大なブラックホールが存在すると考えられています。天文観測によると、その重さは太陽の１００万倍から10億倍程度、大きさは半径３００万キロメートルから30億キロメートルになります。30億キロメートルは、太陽から天王星までの距離に相当します。

ブラックホールはいつごろ、どのようにしてできたのでしょうか。宇宙誕生から8億年後ごろには、太陽の10億倍程度の重さの超巨大ブ

**図2-22.　周囲のガスを飲みこみ成長するブラックホール**

ラックホールはすでに存在していたことが、天文観測でわかっています。先ほど、恒星が超新星爆発をおこしたあとに残されるブラックホールの重さは太陽の10倍程度とお話ししましたが、大きさがまったくことなりますね。くわしい経緯は不明ですが、超巨大ブラックホールのでき方については、大きく分けて二つのパターンが考えられています。一つは小さなブラックホールどうしが重力で引き合い、合体して大きくなるパターンです（図2－21）。もう一つは、ブラックホールが周囲のガスや恒星などを飲みこんで成長するパターンです（図2－22）。

ただし「銀河の中ではとても小さな存在のブラックホールが、どのようにして衝突・合体をくりかえすことができたのか」「飲みこんだガスはどこからどのように供給されたのか」「なぜほとんどの銀河で巨大ブラックホールは中心に一つだけ存在するのか」など、詳細はよくわかっていません。ブラックホールは、今なお謎だらけの天体なのです。

なお大きい銀河ほど、その中心にあるブラックホールも大きいということが、天文観測からわかっています。そのため巨大ブラックホールと銀河の成長には、密接な関係があると考えられています。

ところで、現在のこの宇宙には大量のブラックホールが存在していると考えられています。ブラックホールは、もともとアインシュタインの一般相対性理論をもとに存在が理論的に予測された天体です。しかし、光すら吸い込む真っ暗な天体のため、その存在を実際に観測することは困難でした。さまざまな間接的な証拠からブラックホールの存在はまちがいないと考えられるようになりましたが、長い間、その姿をとらえることはできなかったのです。

そのような中、一般相対性理論が実験によりはじめて実証されてから100年目の2019年、日本の国立天文台も協力する国際共同研究チームが、ついにブラックホールの姿を撮影することに成功します。研究チームは地球上の8カ所の電波望遠鏡を連動させて観測を行い、地球から5500万光年はなれたM87銀河の中心にある超巨大ブラックホールの影をとらえました。ブラックホールの周囲をまわる光の中心に、ブラックホールの影がはっきりと映しだされたのです。撮影に成功したブラックホールの質量は、何と太陽の65億倍におよぶといいます。

さらに2022年には私たちの住む天の川銀河中心のブラックホールの影の撮影にも成功し、公開されました。実際にブラックホールの姿がとらえられたことで、ブラックホールの研究は今後ますます発展していくでしょう。

## 46億年前、ついに地球が誕生！

第2章の最後では、地球の誕生についてお話しします。おさらいになりますが、宇宙誕生約3億年後にファーストスター（第1世代の恒星）が誕生するまで、宇宙には水素とヘリウムしかありませんでした。ともにガス（気体）ですので、初期の宇宙には「ちり（岩石や氷などの微粒子）」すら存在しなかったことになります。

恒星が誕生すると、核融合反応によって重い元素がつくられ、さらに恒星の爆

**図2-23.　円盤（原始惑星系円盤）**

原始の恒星の周囲には、ガスとちりからなる「円盤（原始惑星系円盤）」が形成される。

発などによってさまざまな元素がばらまかれました。こうして宇宙に重い元素がふえていき、固体のちりができていきました。地球をはじめとした惑星は、こういったちりをもとにしてつくられていったのです。ファーストスターの周囲には、固体でできた惑星は存在しませんでした。固体でできた惑星は、早くとも第2世代以降の恒星の周囲でしか誕生できなかったのです。

では、惑星が形成される過程を見ていきましょう。まず宇宙空間でガスの濃い部分が、みずからの重力で収縮していき「星の種（原始の銀河）」が誕生します。さらに原始の恒星の周囲には、ガスとちりからなる「円盤（原始惑星系円盤）」が形成されます（図2－23）。

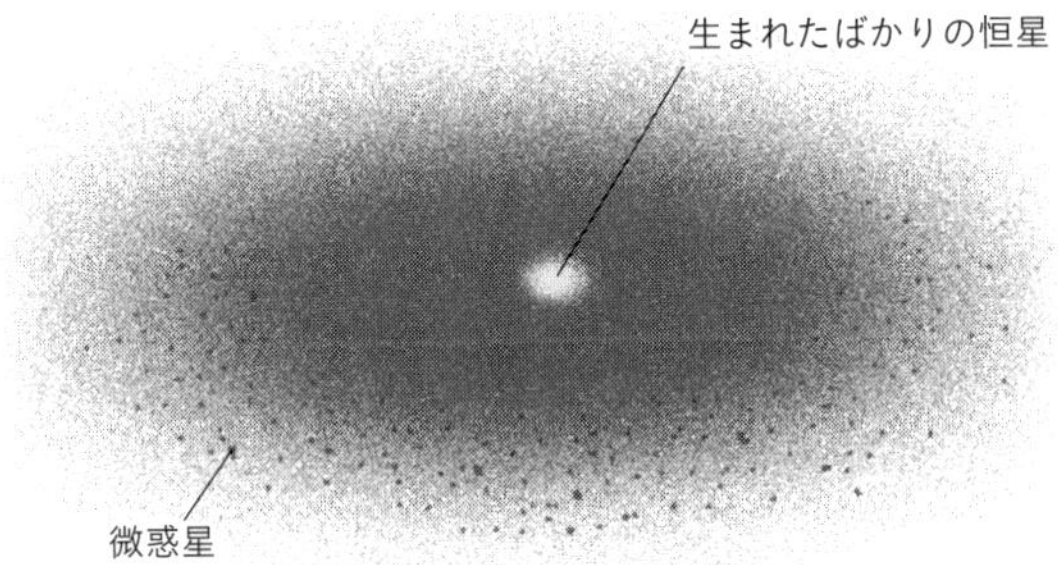
生まれたばかりの恒星
微惑星
ちりが集まってできた微惑星

**図2-24.　微惑星**

微惑星がさらに衝突・合体することで、惑星が誕生した。

この円盤は高速で回転しており、円盤内でちりが衝突・合体することで、直径数キロメートルから数十キロメートルの「微惑星」が誕生します（図2－24）。こうした微惑星がさらに衝突・合体することで、惑星が誕生しました。

太陽系は宇宙誕生から92億年後、今から46億年前に誕生しました。原始の太陽の周囲に円盤が形成され、そこから地球を含むさまざまな惑星たちが生まれたのです（図2－25）。地球や火星のような、主に岩石でできた惑星を「地球型惑星」や「岩石惑星」といいます。一方、木星や土星のように主にガスでできた大きな惑星を「巨大ガス惑星」といいます。木星の表面は、分厚いガスでおおわれていることからもわかるように、同じ太陽系の惑星でも地球とはずいぶ

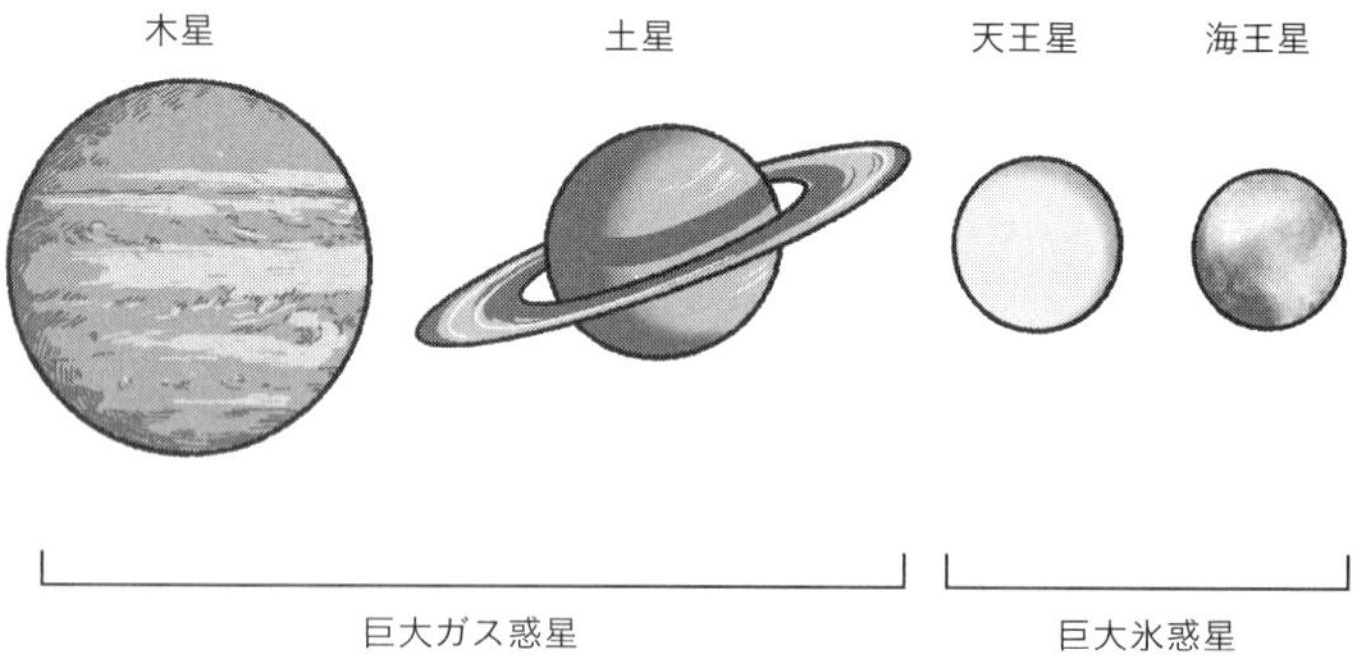


んちがいがありますね。

原始惑星系円盤の中で、恒星に近い場所は温度が高く、水は気体の状態でしか存在できません。そのため惑星の材料となる円盤のちりの成分は、岩石や金属が主となり、地球のような岩石惑星がつくられます。一方、恒星から遠くなると温度が低くなるため、水が固体（氷）として存在できます。岩石や金属に氷も加わり、惑星の材料が大量にあるため、そこから形成される原始惑星はとても大きくなります。大きな原始惑星は強い重力によって周囲のガスを引き寄せ、ますます巨大化します。こうして巨大な「コア」（もとは原始惑星）に大量のガスが降り積もった、木星のような巨大ガス惑星が形成されるのです。

太陽から近くの惑星は、主に岩石からできて

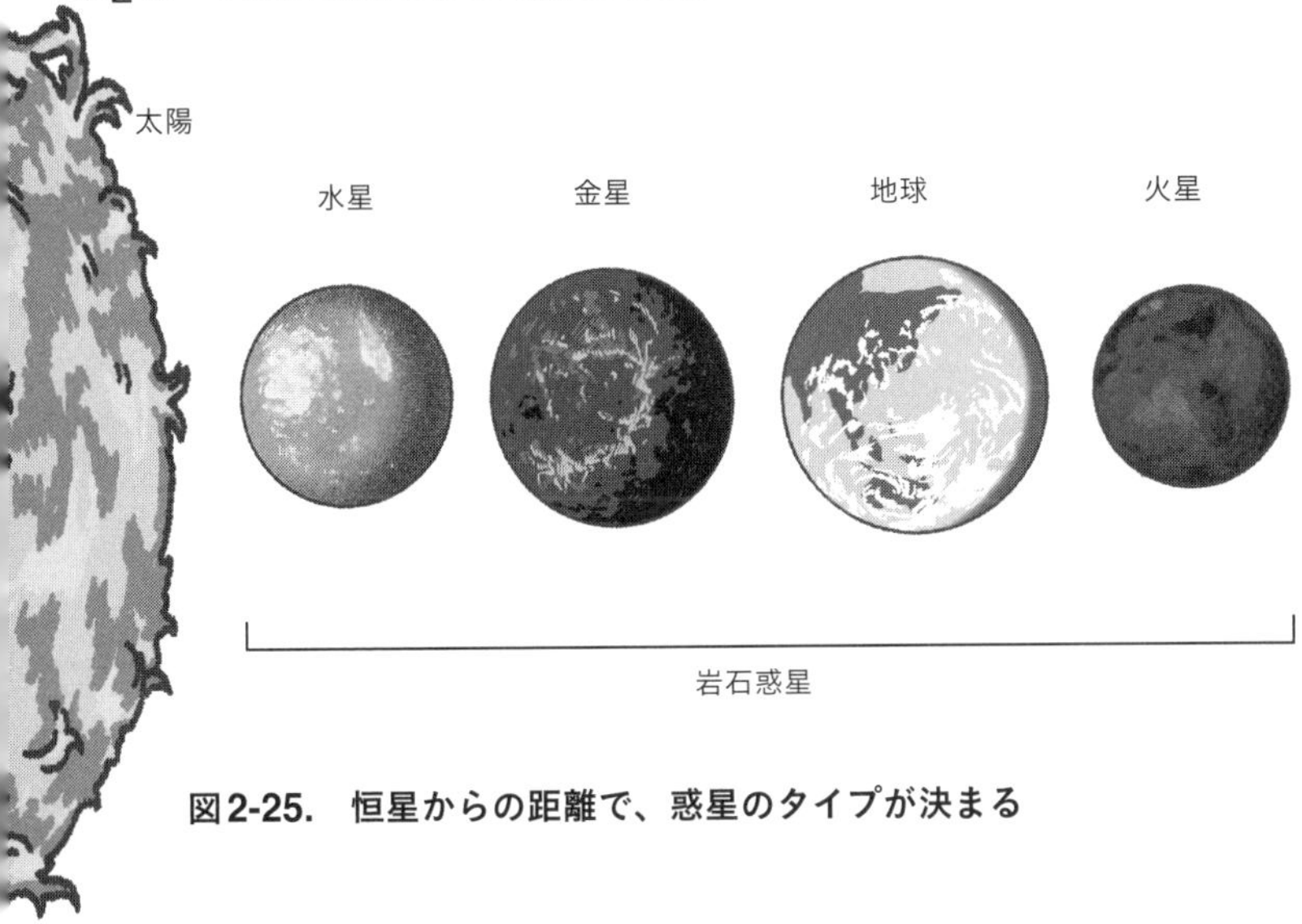


**図2-25.　恒星からの距離で、惑星のタイプが決まる**

いて、遠くの惑星はガスからできている、ということですね。太陽から近い水星、金星、地球、火星は岩石惑星で、木星、土星は巨大ガス惑星です。

天王星と海王星は、主に水やメタンの氷でできており、「巨大氷惑星」に分類されます。原始惑星系円盤のガスは中心の恒星に落ちていくなどし、数百万年でなくなります。恒星から遠すぎると原始惑星の成長は遅くなり、周囲のガスを引きつけて巨大化するに至りません。そうして、氷を主成分とした巨大氷惑星になります。

近年の天文観測では、太陽以外の恒星の周囲にも惑星が多数見つかっています。これらを「系外惑星」といい、２０２１年２月の段階で４４００個以上が見つかっています。その中には、恒星のすぐそばをまわる巨大ガス惑星「ホット・ジュピター」や、極端な楕円軌道で公転する「エキセントリック・プラネット」など、太陽系の惑星たちとは大きくことなる惑星もあります。

これらの惑星は、太陽系の惑星と似たような過程で形成されたあと、もとの位置から〃移動〃したと考えられています。たとえば「複数の原始惑星が重力をおよぼし合った結果、軌道が乱されて、観測された軌道に移った」とする説が考えられています。

太陽系の惑星たちの誕生を見届けたところで、宇宙の歴史をめぐる旅はひとまず終了です。第3章では、この宇宙の成り立ちと深くかかわる謎の物質とエネルギーについてお話しします。

# 第3章

# ダークマターとダークエネルギーの謎

## 謎の重力源「ダークマター」とは

第3章では、現代宇宙論が直面している難問「ダークマター（暗黒物質）」と「ダークエネルギー」に焦点をあてます。これらの謎の正体が、宇宙の成り立ちに大きく関わっていることが明らかになってきているのです。まずは謎の物質「ダークマター」について紹介していきましょう。

さまざまな天文観測により、宇宙には目に見えない未知の物質・ダークマターが大量に存在していることがわかっています。直接観測することはできませんが、ダークマターが存在しないとつじつまが合わない現象が、数多く観測されているのです。

たとえば天の川銀河のような「渦巻銀河」は、数億年をかけて回転していますが、この回転速度を調べたところ、奇妙なことに天の川銀河の中心に近い場所も外縁付近も、回転速度がほとんど変わりませんでした。

これはとても不思議なことです。たとえばハンマー投げを想像してみてくださ

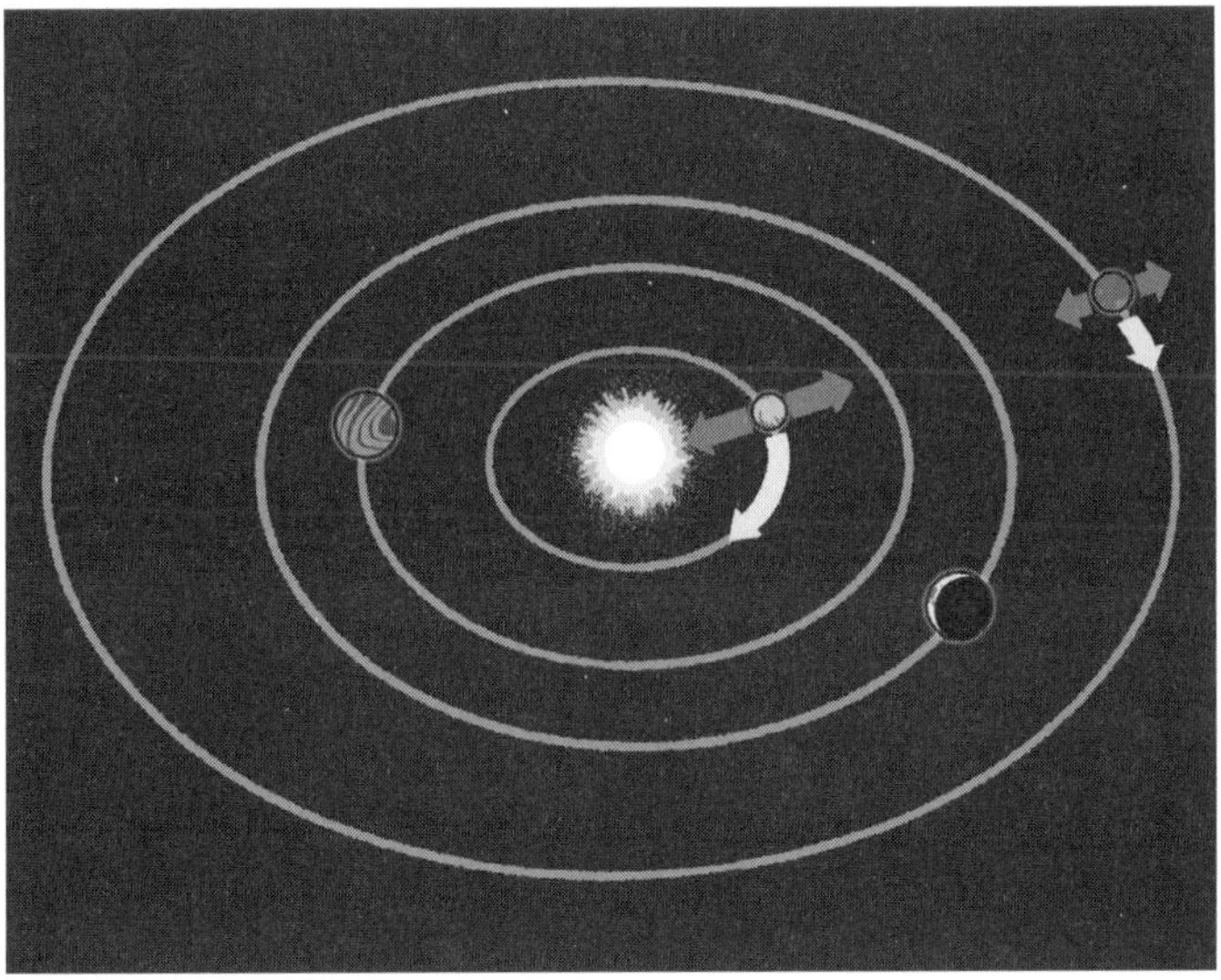

**図3-1.　万有引力と遠心力が釣り合って回転する、太陽系の惑星**

い。ハンマーを回している間、ハンマーを引っ張る力と遠心力は釣り合っています。両者が釣り合わないと、円運動は保たれません。同じように太陽系の惑星も、太陽に引っ張られる重力（万有引力）と遠心力が釣り合って回転しています（図3－1）。

太陽系の場合、太陽の重力は遠くなるほど弱くなるため、遠心力も弱くてすみます。つまり外側の惑星ほど公転速度が遅くなるはずです。実際に太陽系では外側の惑星ほど回転速度が遅くなっています。

しかし銀河の場合、この法則が成り立たないのです。渦巻銀河は中心に恒星が集中しています。これは強力な重力源である太陽が中心にある太陽系と似ています。普通に考えると、太陽系と同じように中心から遠いほど回転速度は遅くなりそうです。しかし、そうはなっておらず、実際は外縁部の回転速度は内側とほぼ同じなのです（図3－2）。

これをうまく説明するには、見えているものだけを考えるのではいけません。銀河を目には見えないダークマターが覆っていると仮定し、その重力の効果を計算に入れる必要があるのです。

また、銀河が多数集まった銀河団の観測でもダークマターの存在が示唆されています。銀河団の個々の銀河は、銀河団の中でさまざまな方向に猛烈ないきおいで運動しており、本来であればちりぢりになってもおかしくありません。しかし実際には、銀河団はまとまりを保っています。銀河どうしが重力で引き合っているから当然だと考えられそうですが、実は銀河の重力ではまったく足りないのです。こちらも「銀河団をダークマターがおおい、その重力で銀河たちをつなぎとめている」と考えなければ説明がつきません（図3－3）。直接確認することはでき

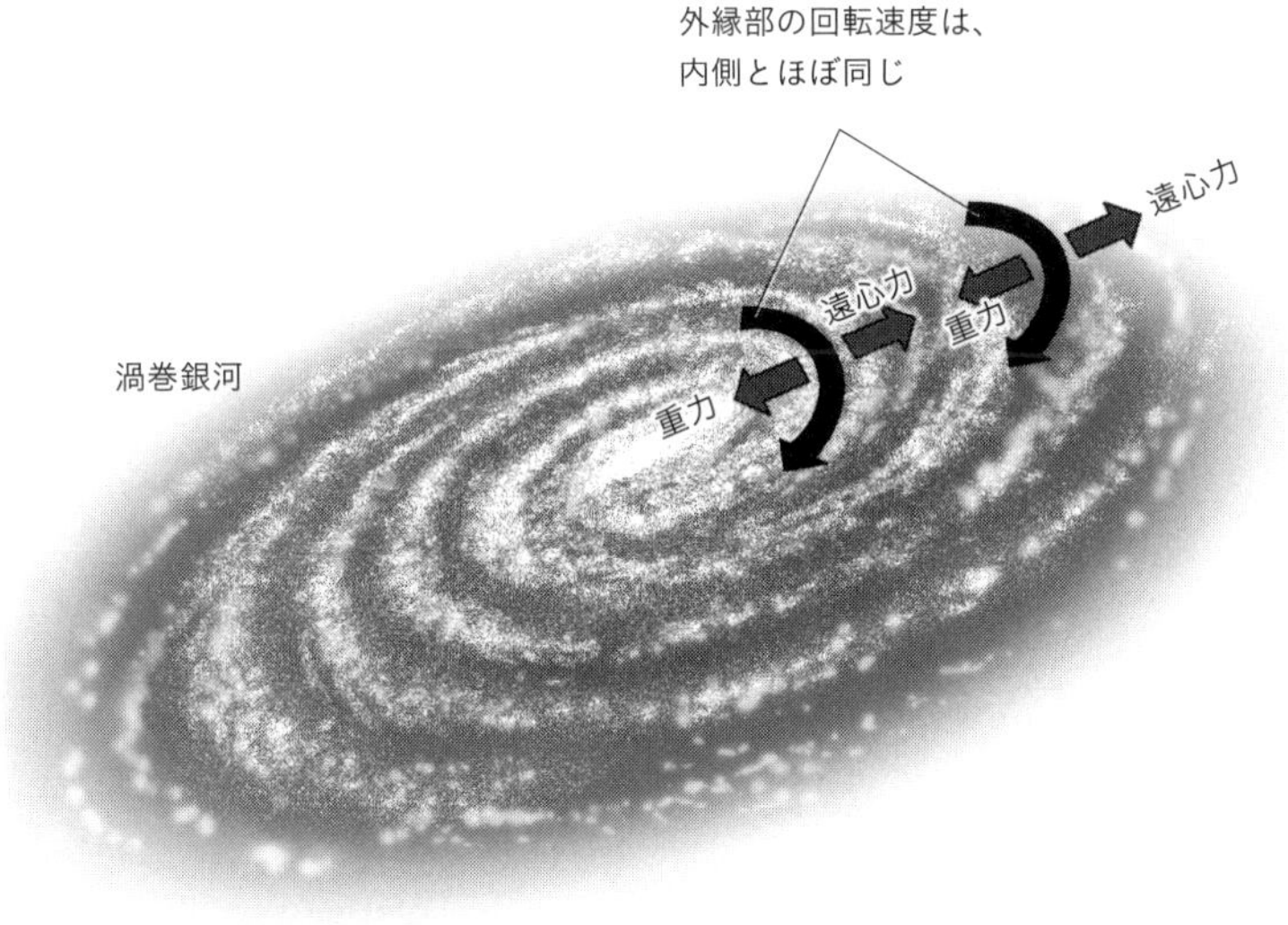


**図3-2.　渦巻銀河の回転**

渦巻銀河は外縁部の回転速度が内側とほぼ同じ。これを説明するには、銀河をダークマターがおおっていると仮定し、その重力の効果を計算に入れる必要がある。

ませんが、ダークマターという重力源がこの宇宙にはたしかに存在しているようです。

そして、宇宙初期に星や銀河がつくられた際には、このダークマターの存在が重要だったと考えられるようになっています。初期の宇宙に存在していたダークマターがゆらぎによって、わずかに密度が高い部分と、低い部分が生じました。いったん密度が高い部分が生じると、そこはほかの領域よりも重力が大きくなりますから、さらにダー

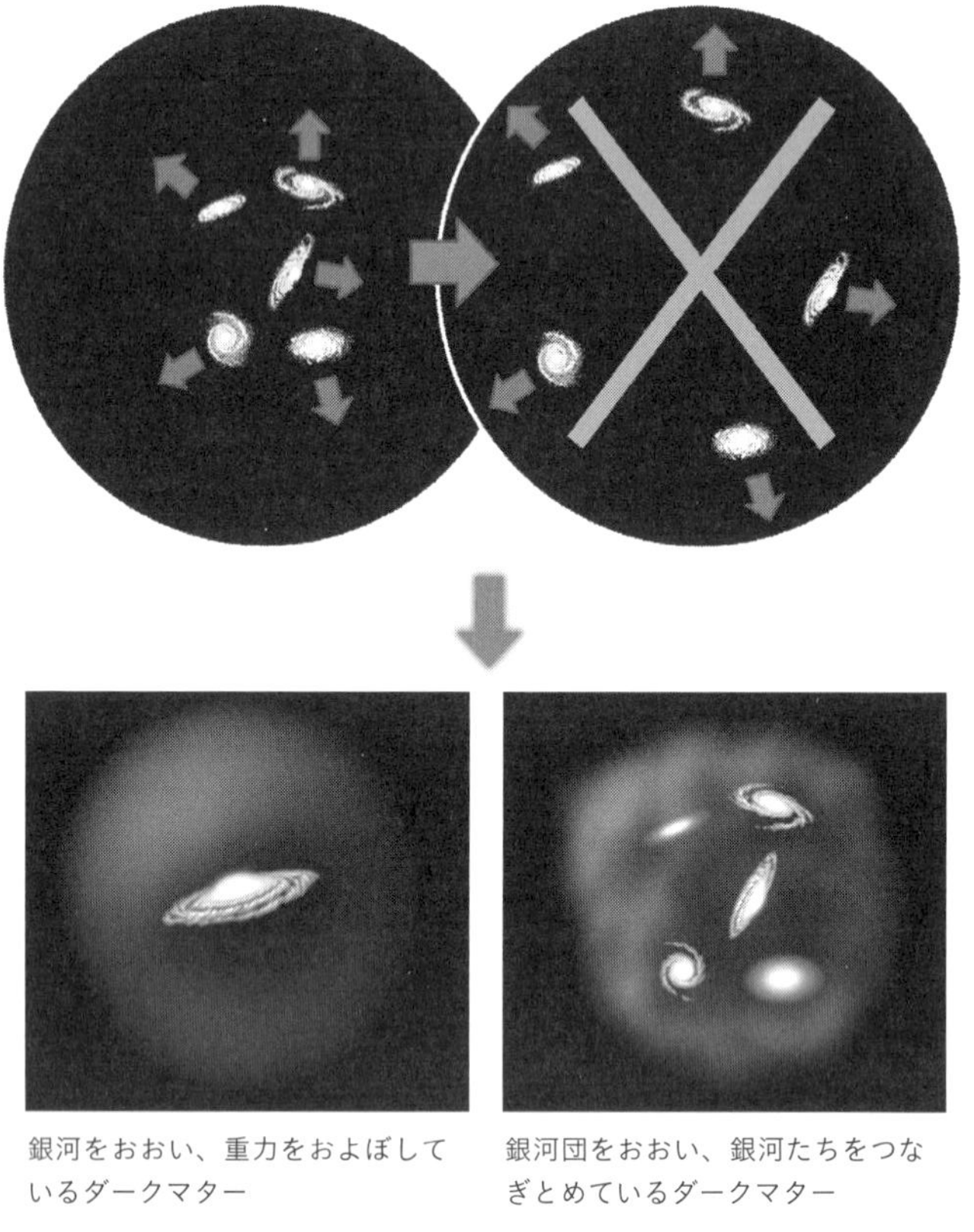

銀河をおおい、重力をおよぼしているダークマター

銀河団をおおい、銀河たちをつなぎとめているダークマター

**図3-3.　銀河がちりぢりにならないのは、ダークマターの重力の影響**

クマターが集まってより大きな重力をもつようになります。さらに、普通の物質でできたガスを集めるようになり、それを材料にやがて星や銀河が誕生したのです。

## ダークマターは元素からできているわけではない

ではダークマターの正体は何なのでしょうか。ダークマターではないかとまず疑われたのは、あまりに暗くて望遠鏡では見えないような天体です。たとえば惑星、小惑星（惑星はみずから輝かない）、褐色矮星《かっしょくわいせい》（小さすぎて核融合反応をおこせない、暗いガス状の星）、宇宙空間をただよう水素ガス、中性子星（ほとんど中性子だけでできた高密度な天体）、ブラックホール（光さえも飲み込む天体）などが考えられます（図3−4）。

しかしやがて、これらの候補はどうやらダークマターではない、ということがわかってきました。惑星、小惑星、褐色矮星は何らかの元素からできています。つまりミクロな視点で見ると、原子の構造をもっているということです。中性子星とブラックホールも、そもそもは恒星の中心部分でしたので、もとをただせば何らかの元素からできています。

現在の宇宙論では、あらゆる元素のもととなった陽子や中性子の、全宇宙での存在量が推定されています。しかし、その推定される元素の存在量では、見えない重力源、すなわちダークマターを説明するには、まったく足りないのです。そのため現在は、ダークマターは元素をもとにしてできた普通の物質ではないと考えられています。

**5. ブラックホール**
光すら飲みこむ強力な重力をもつ天体。いわば宇宙空間にあいた黒い穴といえる。周囲にガスが存在すると、飲みこまれるガスが熱せられて輝くが、周囲に何もなければ暗くなる。

**6. すべての元素は原子からできている**
ダークマターは、上のイラストのような原子をもとにしてできた物質ではないと考えられている。

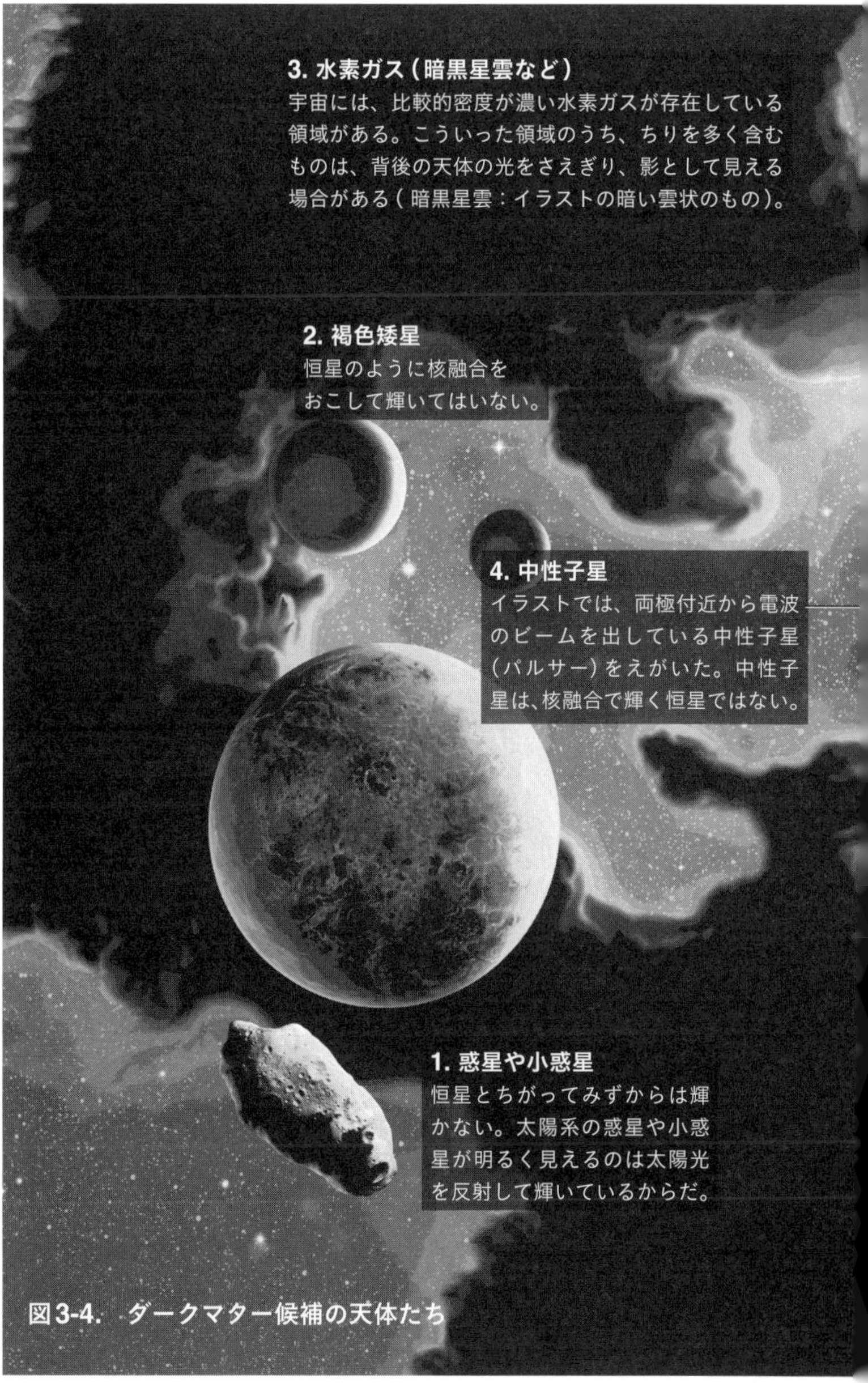
3. 水素ガス（暗黒星雲など）
宇宙には、比較的密度が濃い水素ガスが存在している領域がある。こういった領域のうち、ちりを多く含むものは、背後の天体の光をさえぎり、影として見える場合がある（暗黒星雲：イラストの暗い雲状のもの）。
2. 褐色矮星
恒星のように核融合をおこして輝いてはいない。
4. 中性子星
イラストでは、両極付近から電波のビームを出している中性子星（パルサー）をえがいた。中性子星は、核融合で輝く恒星ではない。
1. 惑星や小惑星
恒星とちがってみずからは輝かない。太陽系の惑星や小惑星が明るく見えるのは太陽光を反射して輝いているからだ。

図3-4.　ダークマター候補の天体たち

# ダークマターの正体は、未発見の素粒子？

ダークマターの正体は謎ですが、「見えない」「普通の物質をすり抜ける」「質量をもつ」という性質をもつと考えられています。まず「見えない」という特徴は、ダークマターがあらゆる波長の電磁波（電波・赤外線・紫外線・X線・ガンマ線）でも見る（観測する）ことができず、反射や吸収もしないことを意味します。これまで、どのような観測でもダークマターを直接とらえることができていないことから考えられる性質です。

「普通の物質をすり抜ける」という特徴は、いいかえると「普通の物質（元素からなる物質）を貫通してしまう性質」です。人体だろうが地球だろうが、おかまいなしにすり抜けます。この特徴は、ダークマターが「電気をおびていない」といいかえることもできます。物質を構成する原子の中には、マイナスの電気をおびた電子が含まれています。ダークマターの粒子がプラスかマイナスの電気をおびていると、電子との間に引力もしくは反発力がはたらくため、物質をすり抜けることはできないのです。

「質量をもつ」という特徴は、ダークマターが「周囲に重力をおよぼす」ことを意味します。質量をもつ物質が存在すると、周囲に重力がはたらきます。宇宙全体では「普通の物質の5〜6倍もの質量のダークマターが存在する」と考えられていますが、これは宇宙の観測などから得られた観測事実です。

これらの特徴から、ダークマターは「未発見の素粒子」でできているのではないか、と考えられています。現在知られている素粒子（それ以上分割できない粒子）は、前述した三つの特徴をみたしていません。つまり、新たな素粒子がダークマターの正体だと考えられるのです。

## ダークマターを見つけだせ

現在も世界中の研究者たちが、ダークマターを検出しようとさまざまな実験を行っています。その実験をいくつか紹介しましょう。

日本で行われてきた最も大規模な検出実験は、岐阜県の神岡鉱山内の地下1キロメートルに建設された素粒子観測施設で行われているXMASS（エックスマス）です。この実験は、液体の「キセノン」を用いてダークマターを検出するもので、巨大な水槽の中に「ダークマター検出器」が設置されています。検出器の中はマイナス100度に保たれた約1トンの液体キセノンで満たされており、それを642本の高感度の光センサーが囲む構造になっています。

ダークマターは通常、普通の物質とはぶつからないと考えられていますが、ごくまれに「弱い力」とよばれる種類の力を介して、普通の物質と衝突することがあると考えられています。そして衝突するときに、かすかな光が出ます。XMASSではキセノンを使い、ダークマターがキセノンの原子核にぶつかったときに出る光をとらえようとしています（図3－5）。しかし残念ながら、まだ観測には成功していません。

イタリアにも同様のダークマター検出実験「DAMA（ダーマ）」があります。DAMAでは10年以上にわたって季節変動する信号がとらえられており、その信号が、ダークマターの衝突によって生じた可能性が報告されています。

太陽系は、天の川銀河の中で止まっているわけではなく公転しています。天の

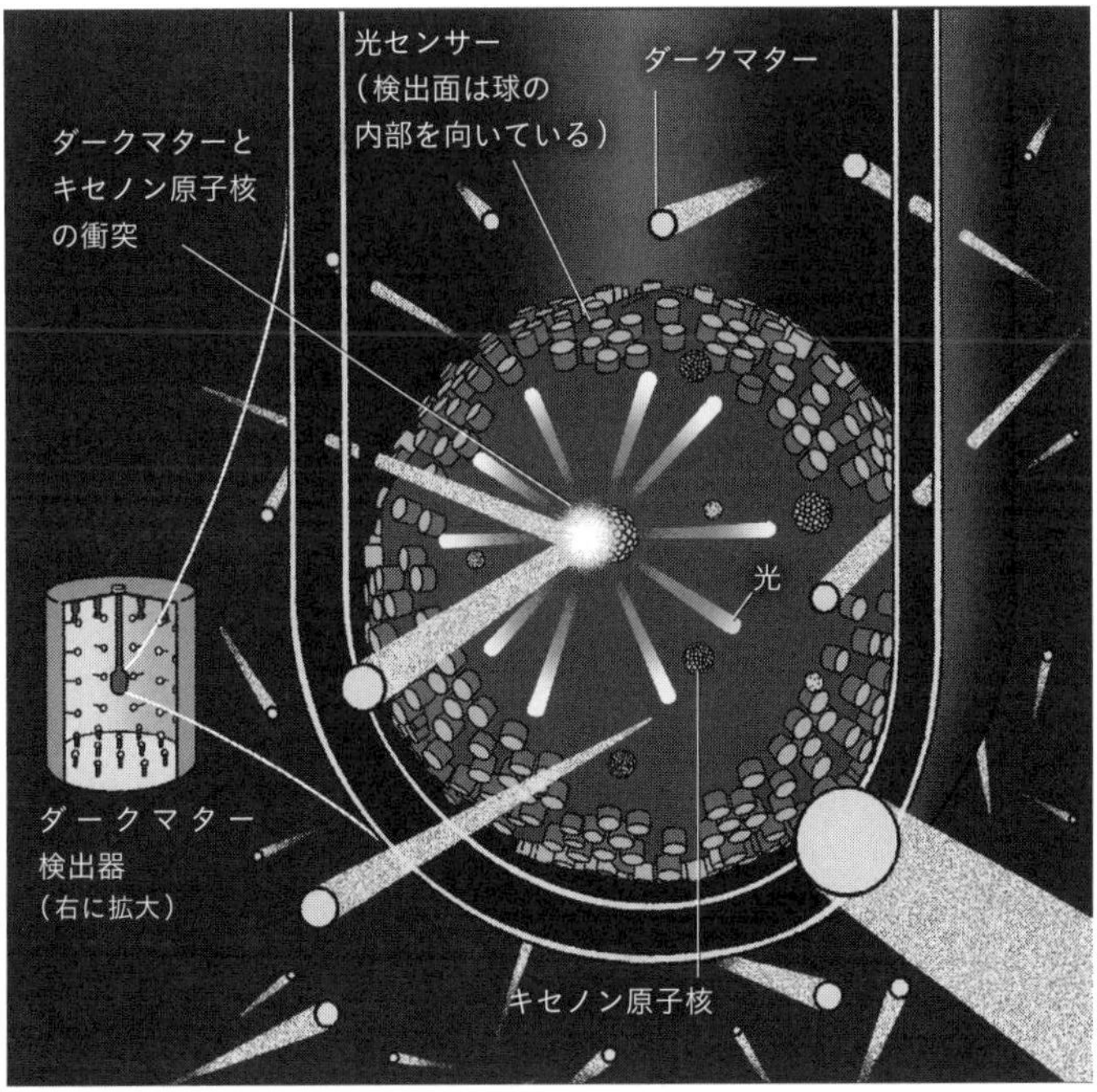


**図3-5.　XMASS（エックスマス）による実験**

液体キセノンを使い、ダークマターがキセノンの原子核にぶつかったときに出る光をとらえる。

川銀河にはダークマターが広く分布しているため、太陽系はダークマターの中を突き進んでいることになります。そのため地球はダークマターの〃風〃を受けることになります。

一方、地球は太陽のまわりを公転しているため、地球が受けるダークマターの風の強さは季節によって変わるはずです。その結果、地球をすり抜けるダークマターの量、すなわち実験装置の中でダークマターとキセノンが衝突する回数には季節変動が生じると予想されています（図3－6）。

しかしＤＡＭＡがとらえた季節変動する信号が、ダークマターによるものだという確証はまだ得られていません。ＸＭＡＳＳを含め、ダークマターの決定的証拠となるようなデータは、まだどの実験でも観測されていないのです。キセノンを使ったダークマター検出装置は、基本的に大型化するほど検出能力があがるため、現在、さらなる大型装置をつくる計画が世界中で進んでいます。

キセノンとの衝突以外にも、ダークマターを探しだす実験があります。ダークマターは、陽子の１００倍以上もあるような「重い粒子」だという説が有力です。しかし一方で、陽子の１兆分の１以下くらいの「非常に軽い粒子」である可能性も、理論的に予言されています。そして非常に軽い粒子である場合、その候補にあがっているのが「アクシオン」という粒子です。

アクシオンは、１９７０年代に存在が予言された粒子です。もともとはダークマターとは関係がないと思われていた粒子でしたが、アクシオンとダークマター

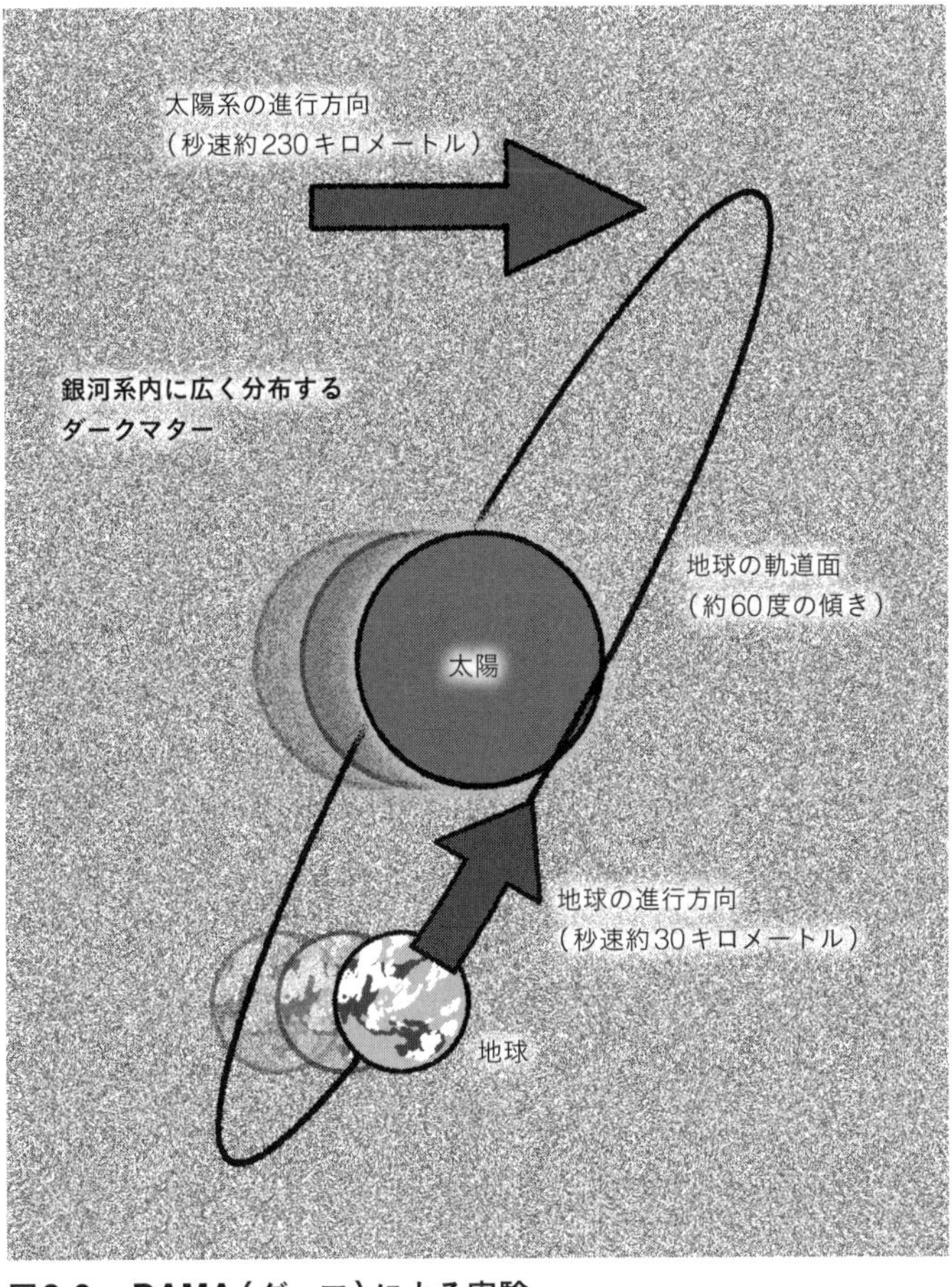


**図3-6.　DAMA（ダーマ）による実験**

実験装置の中でダークマターとキセノンが衝突する回数には、季節変動が生じると予想される。

の特徴が一致するため、近年はダークマターの正体である可能性が議論されています。ただ、アクシオンは未発見の粒子です。

アクシオンは、強い磁場を受けると光に変わる性質があると考えられています。そこで、この性質を利用した「アクシオン検出装置ＣＡＲＲＡＣＫ（キャラック）」による実験が日本で進められています。

ＣＡＲＲＡＣＫは強い磁場によってアクシオンを光（光子）に変え、その光を検出します。１電子ボルトより重いアクシオンの存在は、過去の観測や実験にもとづく理論により、すでに否定されています。「電子ボルト」とは、本来はエネルギーの単位の一種ですが、粒子の質量の単位としても使われます。電子の質量が、約50万電子ボルトです。

ＣＡＲＲＡＣＫ実験で観測しようとしているのは、もっと小さくて、１００マイクロ（０・０００１）電子ボルト前後のアクシオンです。この程度の質量であれば、アクシオンがダークマターの正体である可能性があります。ＣＡＲＲＡＣＫは数年以内の実験開始をめざしており、観測がはじまれば最短１か月ほどで最初の結果を報告するのに十分なデータを取得できるといいます。

## ダークマターはつくれるのか

自然界に存在するダークマターを直接もしくは間接的に検出するほかに、ダークマターを「つくる」ことで、その正体を解明しようとする研究も行われています。スイスのジュネーブにあるヨーロッパ原子核研究機構（CERN）の巨大加速器「LHC」では、陽子どうしを高速で正面衝突させ、その際に発生するエネルギーでさまざまな素粒子をつくりだしています。その過程で、ダークマターがつくられる可能性があるのです。

ダークマターは検出器を素通りします。しかしそのときに、エネルギーや運動量（運動のいきおいにあたる量）を持ちだします。そのため、同時に発生した素粒子のふるまいを調べれば、間接的にダークマターの発生をたしかめられるのです（図3－7）。

ダークマターの有力候補の一つは「ニュートラリーノ」という未発見の素粒子です。ニュートラリーノは理論的に存在が予言されている素粒子の総称で、

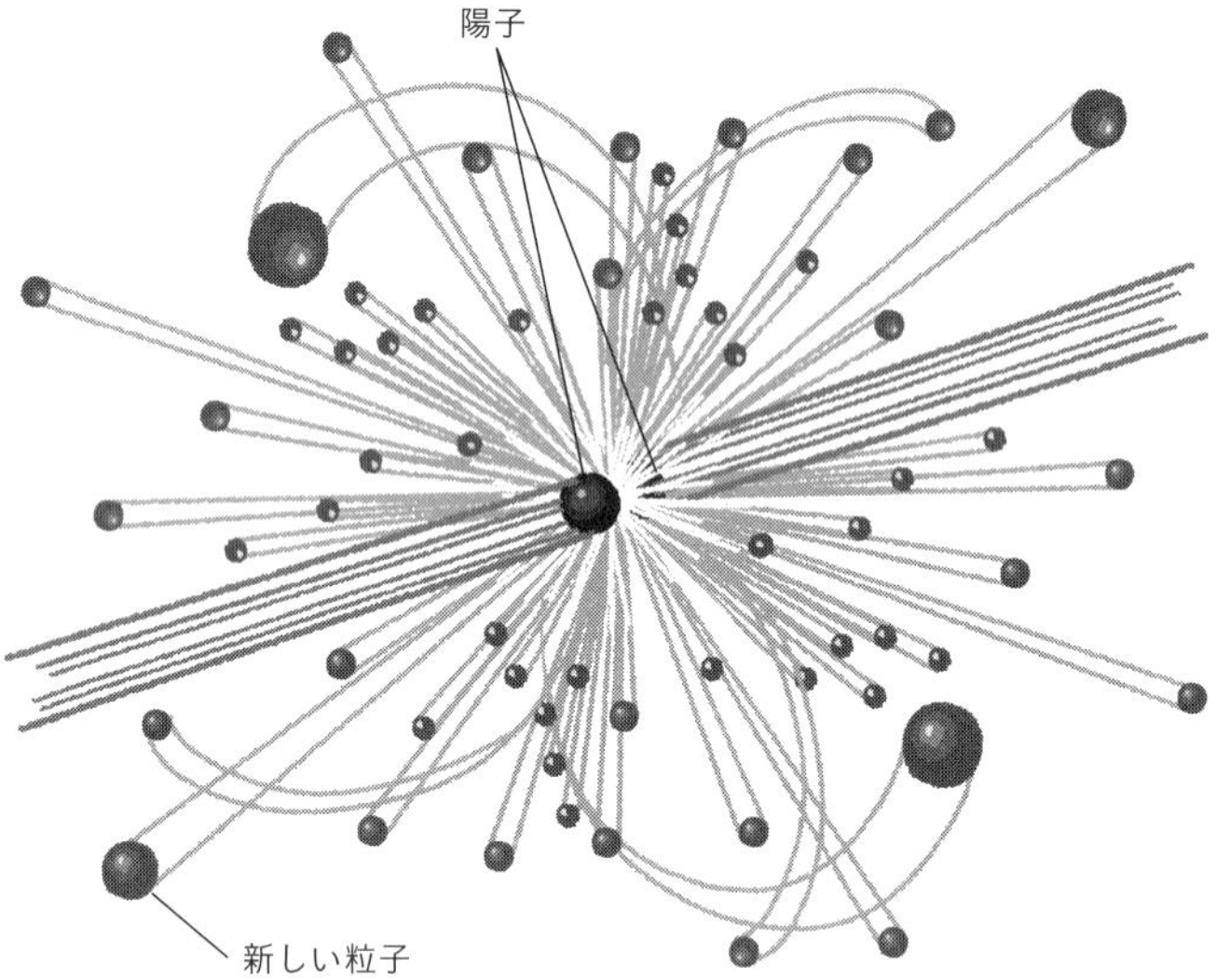


**図3-7. 「LHC」による陽子衝突実験のイメージ**

陽子どうしを衝突させ、ダークマターの可能性がある未発見の素粒子「ニュートラリーノ」をつくりだす。

「フォティーノ」「ジーノ」「ヒグシーノ」の3種類があります。これまでの実験から、ニュートラリーノのうち比較的軽いフォティーノがダークマターである可能性はほぼありません。したがって、残り二つの重い粒子のどちらかである可能性があります。

理論的な予測では、ニュートラリーノがダークマターであれば、その質量は数百ギガ（数千億）電子ボルトほどである可能性が高いといわれています。しかし重い粒子ほど生じる確率が低いため、発見は困難です。

## 徐々に判明してきた「ダークマターの分布」

ここまでお話ししてきたように、ダークマターはいまだ発見されず、直接観測もできていません。しかし国際プロジェクト「ＣＯＳＭＯＳ」により、２００７年にダークマターの分布が画像化されました（図３－８）。

直接観測できないにもかかわらず、いったいどうしてダークマターの分布がわかるのか、疑問に思いませんか。そこには重力が大きく関わっています。

大きな重力は空間をゆがめ、そのとき光の進む経路も曲がります。私たちは重力が弱い地球に住んでいるため、重力による光の曲がりに気づかないだけです。ですから光を放つ天体と地球の間に巨大な重力をもつものがあれば、天体からの光が曲げられて、まるで「レンズ」のようなはたらきをすることが知られています。これを「重力レンズ効果」といいます（図３－９）。とても不思議な現象ですが、

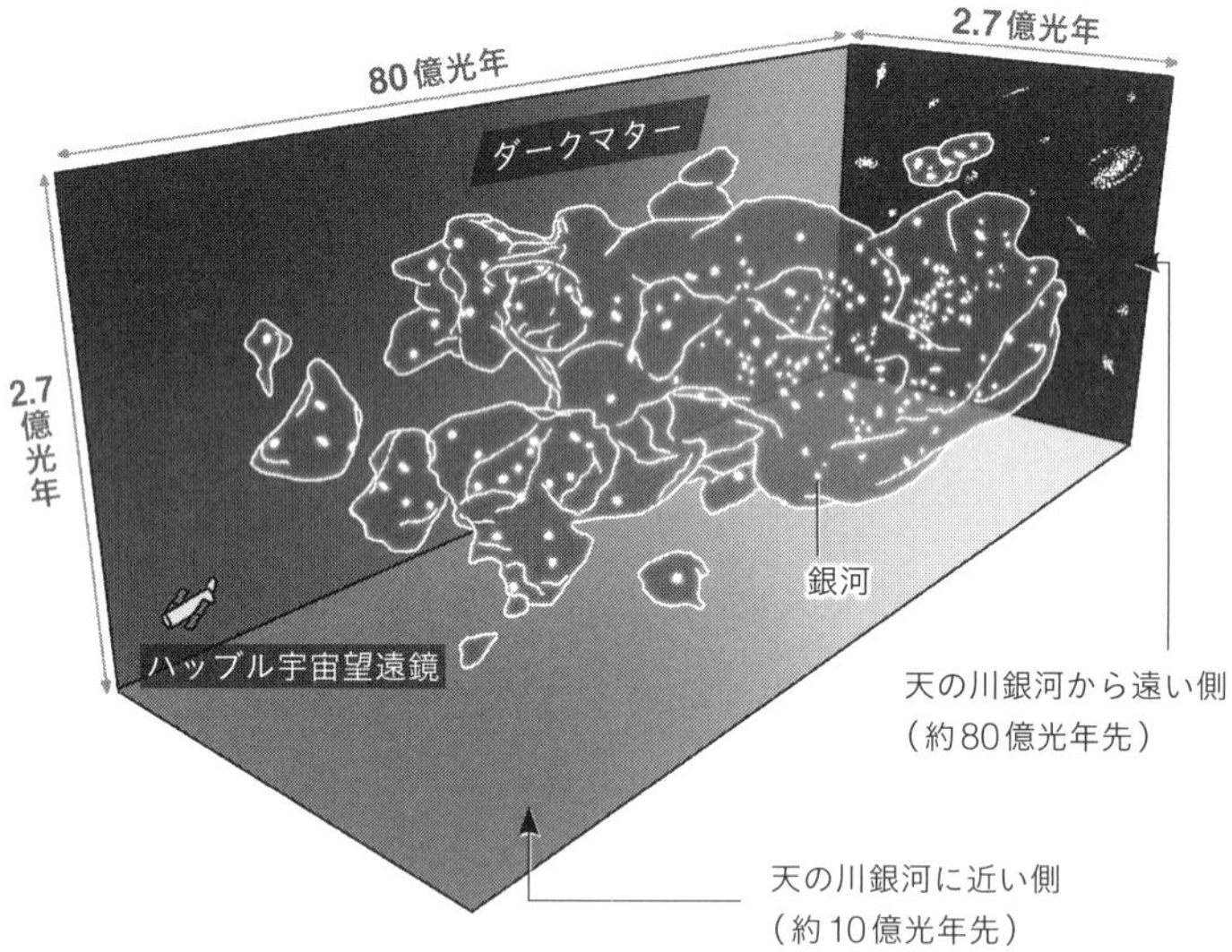


**図3-8.　ダークマターの分布**

重力レンズ効果は理論的にも観測的にも確認された事実です。このの重力レンズ効果がＣＯＳＭＯＳで使われました。

地上から銀河を観測すると、ゆがみが大きい銀河が見つかります。そのような銀河と地球の間には、重力レンズ効果を生じさせているダークマターが多く存在しているはずです。また、逆にゆがみが小さい銀河と地球の間にはダークマターがあまり存在しないことになります。このようにしてＣＯＳＭＯＳでは50万個の銀河の形状を調べ、ダークマターの３次元的

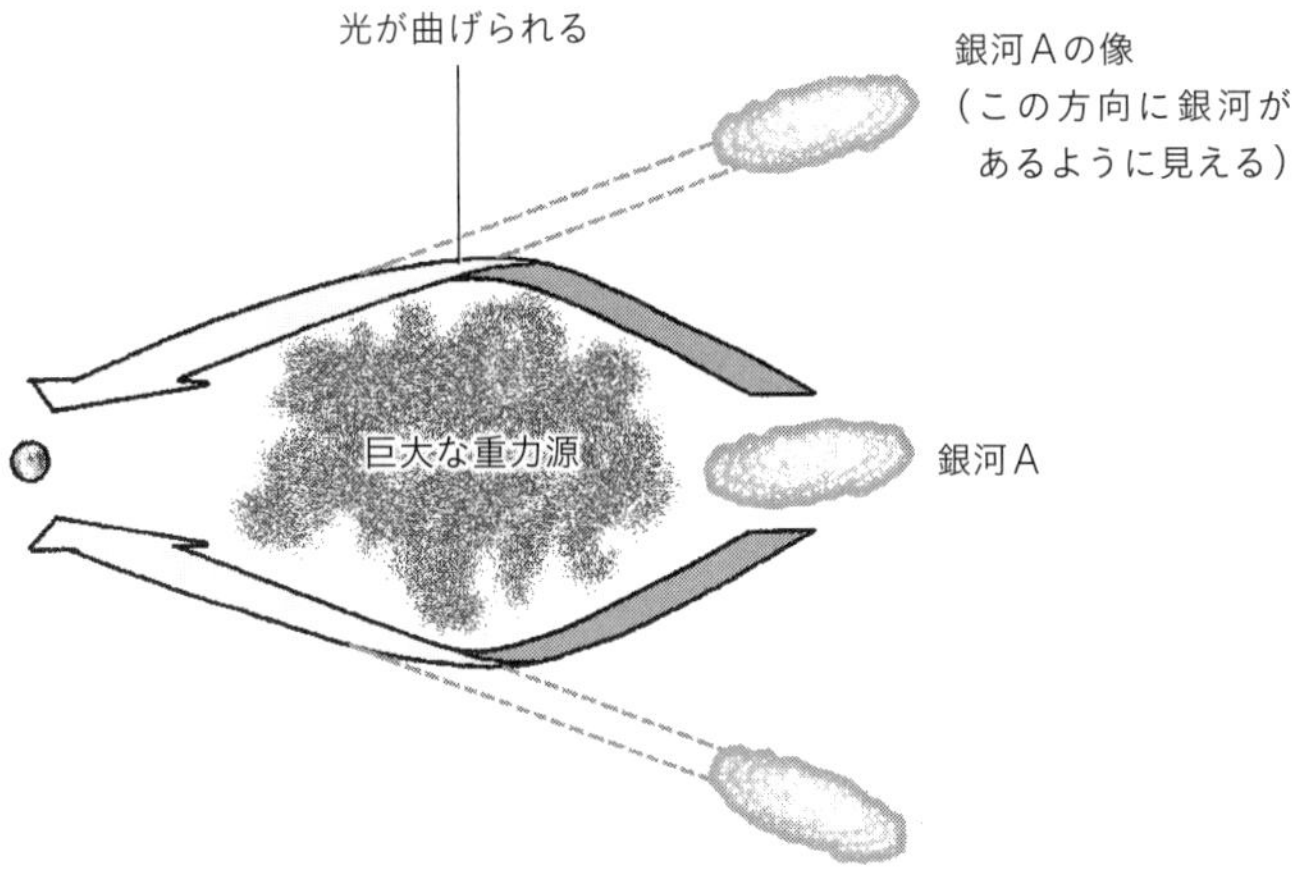


**図3-9.　重力レンズ効果**

な分布を求めたのです。そしてCOSMOSの結果から、ダークマターの分布は「銀河の大規模構造をすっぽりとおおうもの」ということが判明しました。

理論的な研究によると、初期の宇宙では、まずダークマターがわずかな分布のむらを成長させて〝ダークマターの大規模構造〟をつくったと考えられています。そして、その重力により、原子からなる普通の物質があとからその中に引き寄せられ、現在見られるような銀河の大規模構造がつくられたと考えられています。COSMOSの観測結果は、この予測を裏づけるものだったのです。

## 宇宙膨張は「ダークエネルギー」で加速している

車がアクセルを踏まないかぎり減速していくように、かつて宇宙膨張の速度は徐々に遅くなってきているはずだと考えられてきました。宇宙膨張の〝ブレーキ役〟は、銀河やダークマターによる重力です。重力は、宇宙膨張を減速させる方向（収縮させる方向）に作用します。そうすると宇宙の膨張はだんだん遅くなり、やがて止まってしまいそうです。しかし実際の観測結果はその予測とは正反対のものでした。

１９９８年、遠い宇宙にある「Ｉａ型超新星」というタイプの天体を複数観測して、宇宙の膨張速度を調べる研究の結果が報告されました。

Ｉａ型超新星というのは、恒星の外層が放出され、中心だけが残った白色矮星《はくしょくわいせい》という星がおこす爆発です。白色矮星の近くの恒星からガスが降り積もり、白色矮星が限界の重さ（質量）に達すると核爆発がおきて、白色矮星ごと吹き飛びます（図３－10）。

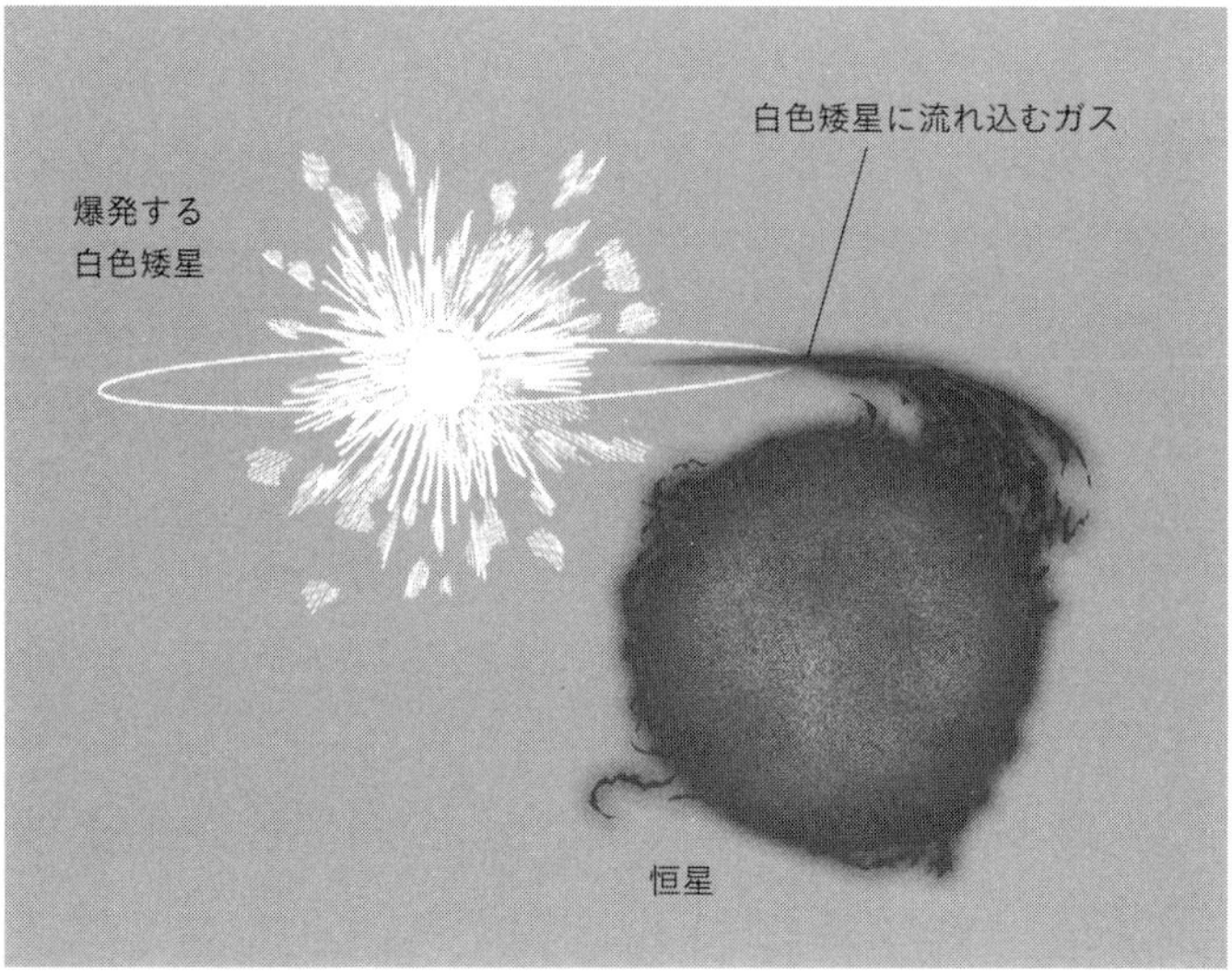


**図3-10.　Ia型超新星のしくみ**

白色矮星近くの恒星からガスが降り積もり、白色矮星が限界の重さに達すると、核爆発がおきて白色矮星ごと吹き飛ぶ。

　Ｉａ型超新星はどれも、爆発をおこすときの限界の質量が同じなため「本当の明るさ」がほぼ一定です。そのため「本当の明るさ」と「見かけの明るさ」（地球から見える明るさ。距離によって変わる）を比較すれば、Ｉａ型超新星、そしてＩａ型超新星が属する銀河までの距離が精密にわかります。

　さらにドップラー効果（天体が近づいてくると光の波長が短くなり、遠ざかると長くなる）によってＩａ型超新星が属する銀河の遠ざかる速度を調べれば、そこから宇宙の膨張速度もわかります。ポイントとなるのは、遠くの天体ほど「過去の姿」が見えているということです。Ｉａ型超新星はさまざまな銀河に存在し、数十億光年といった遠くでも観測できます。遠くの宇宙は過去の宇宙ですから、遠くのＩａ型超新星を観測すれば、過去の宇宙の膨張速度を知ることができるというわけです。

このような方法で、二つの独立した国際チームがさまざまなＩａ型超新星を観測し、宇宙の歴史の中で宇宙の膨張速度がどう変化してきたかを検証しました。その結果、宇宙膨張が予想とは反対に加速していることが明らかになったのです。

いったい宇宙を膨張させるアクセル役は何なのでしょうか。科学者たちは現在、宇宙空間には「ダークエネルギー（暗黒エネルギー）」という未知のエネルギーが満ちており、それが宇宙膨張を加速させているのだと考えています。どうやらダークマター以上に不思議な〝見えない何か〟が、宇宙に満ちているようなのです。

## 天文学の最大級の謎、「ダークエネルギー」の正体

宇宙が加速膨張をしている理由は、宇宙を収縮させる重力に空間の「斥力（反発力）」が勝っているためだと考えられています。そして、この空間の斥力の正体がダークエネルギーと考えられています（図3－11）。

ダークマターは普通の物質と同じように周囲に重力をおよぼします。そしてその正体は未発見の「粒子」と考えられています。一方、ダークエネルギーは「宇宙空間に均一に満ちている」ようです。

宇宙の中のある領域から、ダークマターの粒子を含むすべての物質を取りのぞいて真空にしたとしても、ダークエネルギーはまだその空間に満ちていると考えられます。ダークエネルギーはどうやら、「空間（真空）自体がもつ性質」のようなのです。そのため宇宙が膨張しても〝薄まらない〟と考えられています。何とも奇妙な話です。今なおダークエネルギーの正体は不明で、その解明は宇宙論・天文学・物理学における最大級の難問になっています。

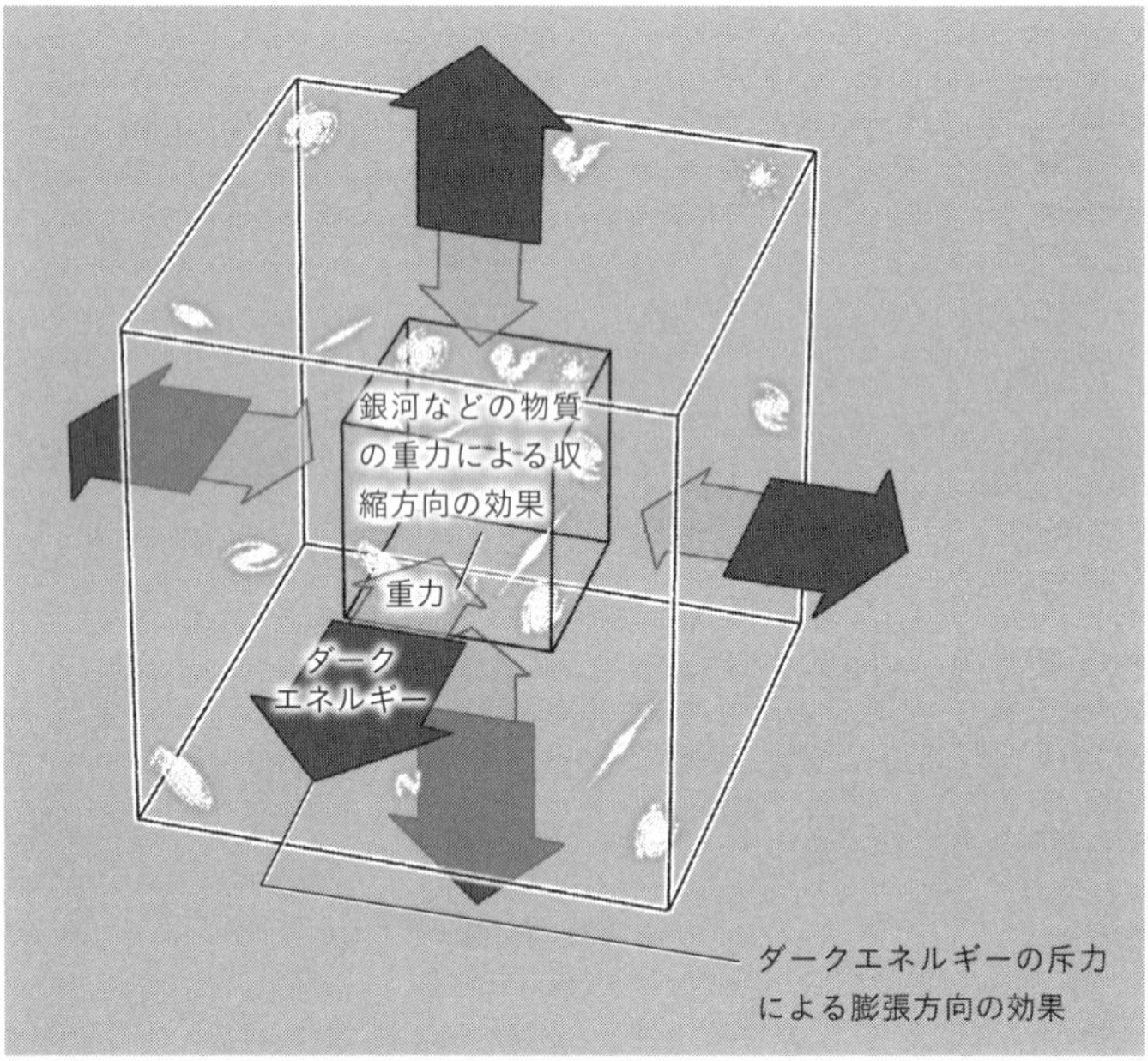


**図3-11.　宇宙が加速膨張するしくみ**

ちなみに、ダークエネルギーの存在が明らかになるはるか前の1917年、アインシュタインがダークエネルギーとほとんど同じものの存在を予言していました。それが第1章でお話しした宇宙定数（宇宙項）です。もともとアインシュタインは、空間の斥力（反発力）をおよぼす項として宇宙定数を入れました。それにより、銀河などによる重力と宇宙定数による斥力が打ち消し合い、宇宙は膨張や収縮をせず、一定の姿を保つと考えたわけです。しかし後にハッブル-ルメートルの法則が見つかると、アインシュタインは、宇宙定数の考えを撤回します。

ところが、アインシュタインが宇宙定数を考えだしてから約80年もの歳月を経て、宇宙空間の斥力効果はダークエネルギーと名を変えて、宇宙論に復活しました。現在「ダークエネルギーは数学的には宇宙定数と同じもの」という考えが、有力な説の一つになっています。アインシュタインは「生涯最大のあやまち」どころか、実際には予言をしていたわけです。

## 95%は未解明な「宇宙の成分」

現在、ダークマターとダークエネルギーが、宇宙の成分の大部分を占めていると考えられています。地球をはじめ、そのほかの惑星や恒星も、原子からなる普通の物質でできていますから、謎の存在が宇宙に満ちているとは信じられないかもしれません。しかしこの宇宙には、普通の物質の5倍以上の量のダークマターが存在しているようなのです。

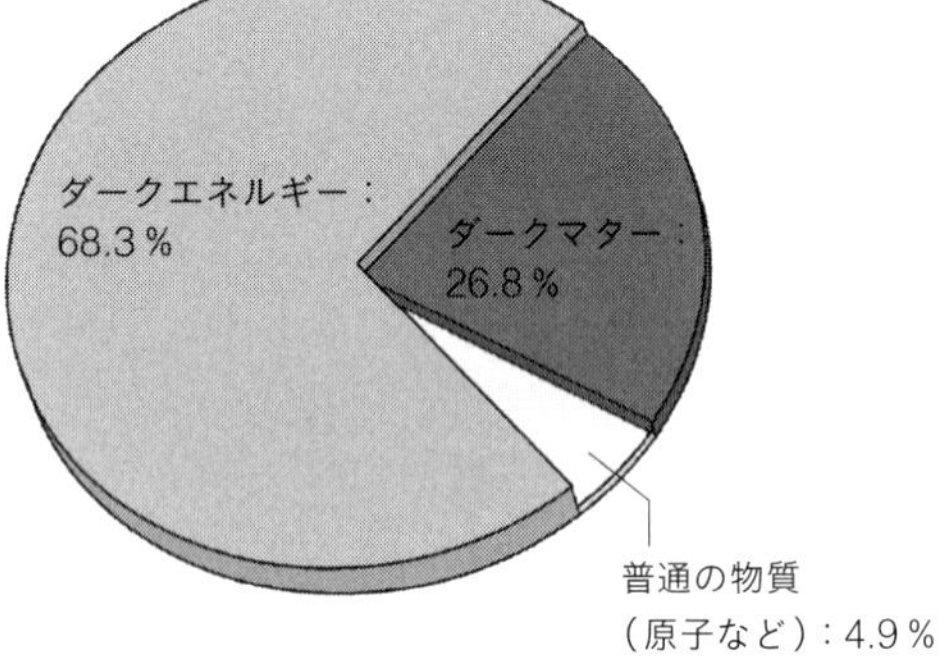


**図3-12.　宇宙は何でできているのか**

物質の質量は、エネルギーに換算して考えることができます。アインシュタインが1905年に発表した特殊相対性理論の中で、質量とエネルギーが本質的に同じものであることを「$E = mc^2$」という数式で導きだしました。

宇宙に存在する物質をエネルギーに換算して比較すると、全宇宙の68・3％をダークエネルギーが占めていることになります。さらにダークマターは26・8％を占めており、普通の物質（原子からなる物質など）はわずか4・9％にすぎません（図3－12）。つまり、私たちは宇宙の成分の95％をまだ知らないのです！　その95％の謎を解き明かすために、今も科学者たちは研究に取り組んでいます。

# 第4章

# 「宇宙の果て」はあるのか

## 宇宙はどこまで広がっているのか

第4章では、宇宙に果てや外側があるのか、ということについて考えていきましょう。第2章でお話ししたように、私たちの観測できる宇宙の果ては約138億年前に宇宙背景放射が放たれた場所です。しかし宇宙空間はそのはるか先まで広がっていると考えられています。

観測範囲をこえて進みつづければ宇宙の端に行き着くかどうかは、直接観測できないためはっきりとしたことはわかりません。しかし宇宙の〝形〟について、現在二つの可能性が考えられています。一つめは、宇宙が無限に広がっている可能性です。この場合、宇宙に果てはありません。

二つめは、宇宙の大きさは有限ですが、果て(端)がないという可能性です。たとえば、地球の表面積は無限ではなく有限です。しかし地球の表面に、果て(端)とよべるような特別な場所は存在しません。同様のことが、宇宙にもあてはまるかもしれないのです。つまり、〝宇宙も丸い〟という可能性が考えられています。

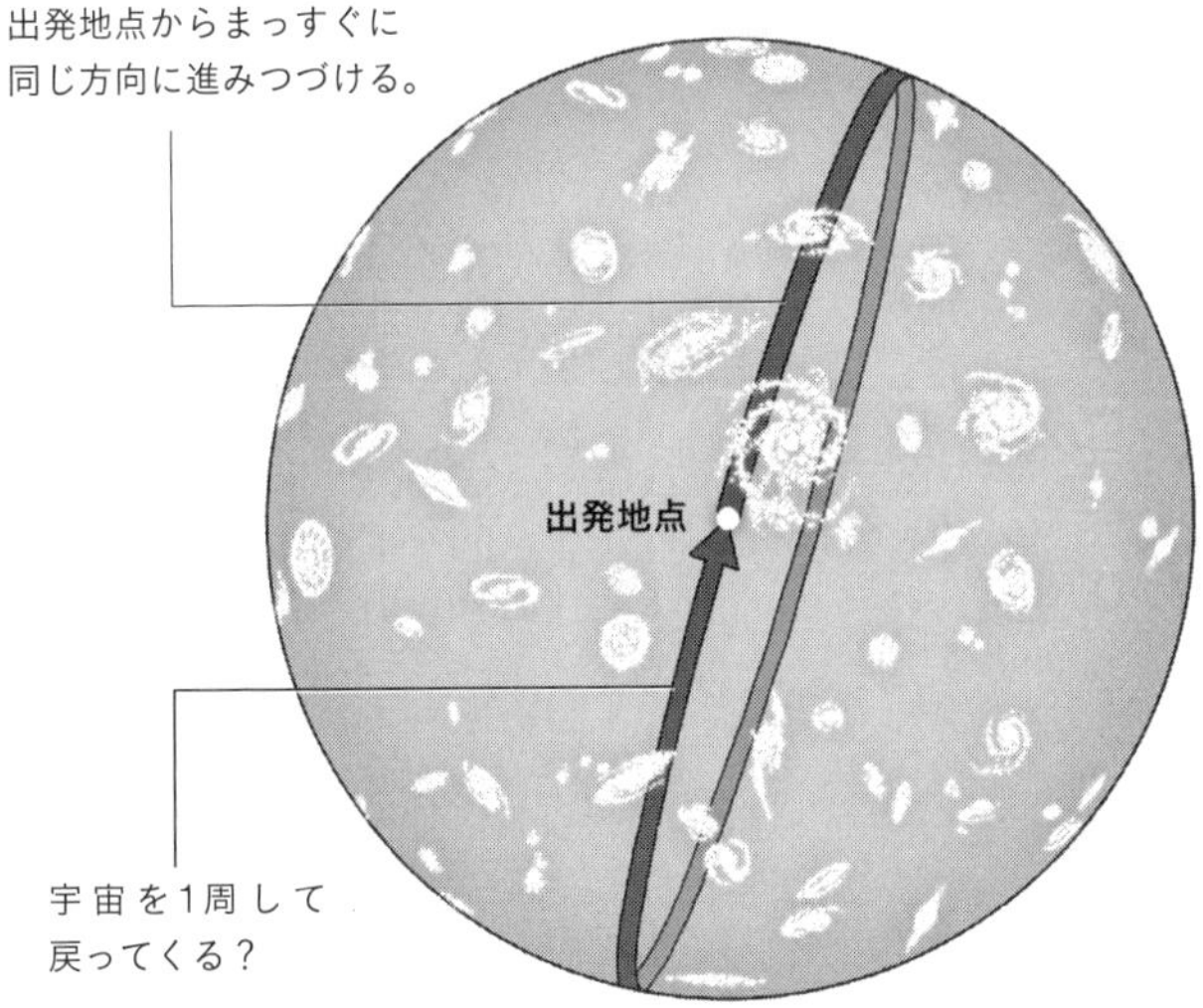
出発地点からまっすぐに
同じ方向に進みつづける。
出発地点
宇宙を1周して
戻ってくる？

**図4-1. 地球の表面のように有限で、果て（端）がない構造の宇宙**

地球の表面は2次元（縦・横）で、宇宙は3次元（縦・横・高さ）というちがいはありますが、実際の宇宙も地球の表面のように有限で、果て（端）がない構造になっているのかもしれません。もし宇宙がそのような構造なら、出発地点から飛びだした宇宙船が、宇宙をぐるりと1周まわって戻ってくるということもありえます（図4－1）。

もし宇宙の大きさが有限だった場合、宇宙全体はどれくらいの大きさであるのかは不明です。しかし私たちが現在観測可能な範囲は、宇宙全体から見ればごくわずかな領域と考えられています。なぜなら、もし観測可能な範囲が宇宙の全体より大きかったり、かなりの部分を占めていたりしたとしたら、銀河や宇宙背景放射の見え方に特徴的なパターンがあらわれるためです。たとえば宇宙全体が観測可能な範囲よりも十分小さければ、ある銀河から出た光が地球に到達したあと、さらに宇宙を1周して再び地球に到達する、というようなことがおこりえます。つまり、同じ銀河から出た光が何度も見えるといった状況です。しかしこれまでの観測では、そのようなパターンは発見されていません。

したがって、たとえ有限だとしても、宇宙全体は観測可能な範囲よりもかなり大きい可能性が高いとされています。

## 宇宙空間は曲がっている？

宇宙が有限か無限か、果てがあるのかないのか。それを明らかにするヒントは「宇宙の曲率」です。曲率とは、空間の曲がり具合のことをいいます。アインシュタインが提唱した一般相対性理論によると、空間は〝曲がる〟ことが可能です。

単に空間の曲がり具合といっても理解しにくいため、地球の表面のような２次元の面を例に考えてみましょう。

地球は球ですから、３次元の世界にくらす私たちから見ると、表面は曲がっています。しかし、もし２次元の世界にくらす〃２次元人〃が地球の表面に住んでいるとしたら、私たち自身が地球は球であることをなかなか実感できないのと同じように、地球の表面が曲がっているということは実感できません。そして２次元人にとって地球の表面が平らに見えるように、３次元の世界にくらす私たちは、たとえ３次元の空間が曲がっていたとしても、そのことを実感することはできないのです。

ただ、３次元の空間が曲がっていることをたしかめるすべはあります。たとえば三角形をえがいてみると、その場所の曲率、つまり曲がり具合を知ることができます。三角形の内角の和は１８０度であることは小学校で習いましたね。でもこれは曲率がゼロ、すなわち曲がっていない空間で三角形をえがいたときだけなのです。曲がった空間では１８０度より小さくなったり、大きくなったりします（図４－２）。

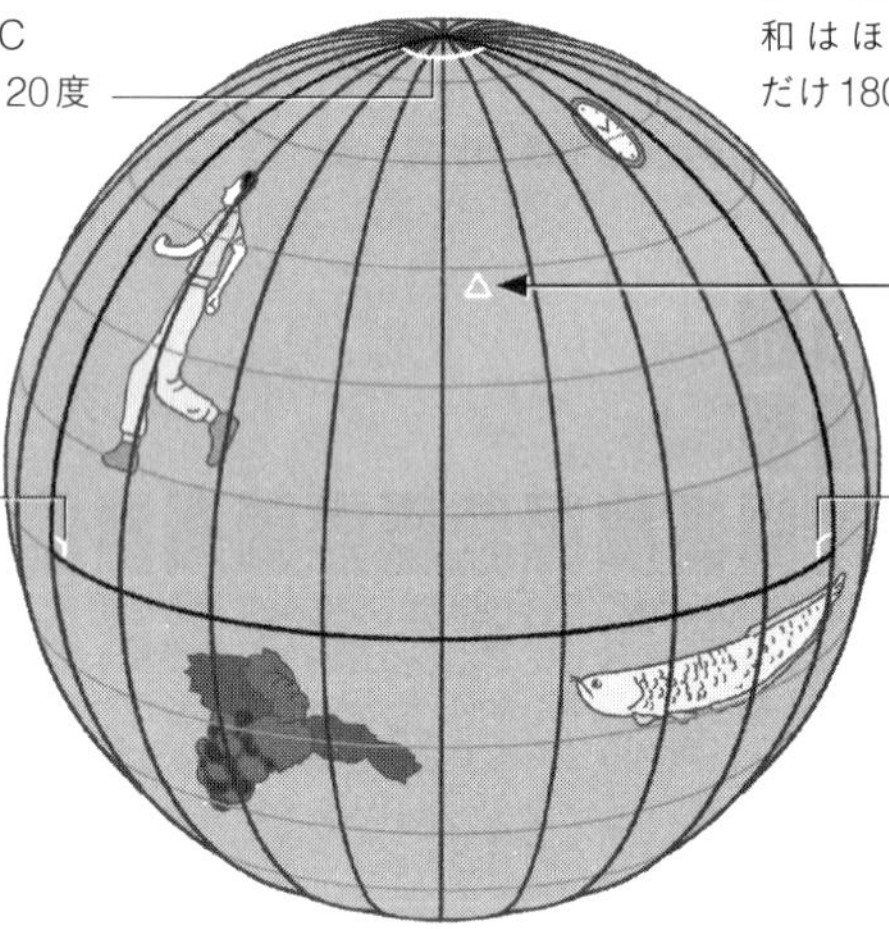


**図4-2.　2次元人が住む球面の世界**

赤道と2本の経線を使って、地球上に大きな三角形をつくると、内角の和は180度にならない。

3次元の宇宙の曲率のちがいはイラストではあらわせないため、3次元の宇宙を「2次元の面」に見立てて考えてみましょう。まず、曲率がゼロの宇宙は「平坦な面」に見立てることができます。この平面に三角形をえがくと、内角の和は180度になります(図4－3)。

一方、曲率が正の宇宙は、球の表面のような曲面となります。ここに三角形をえがくと、内角の和は180度より大きくなります(図4－4)。

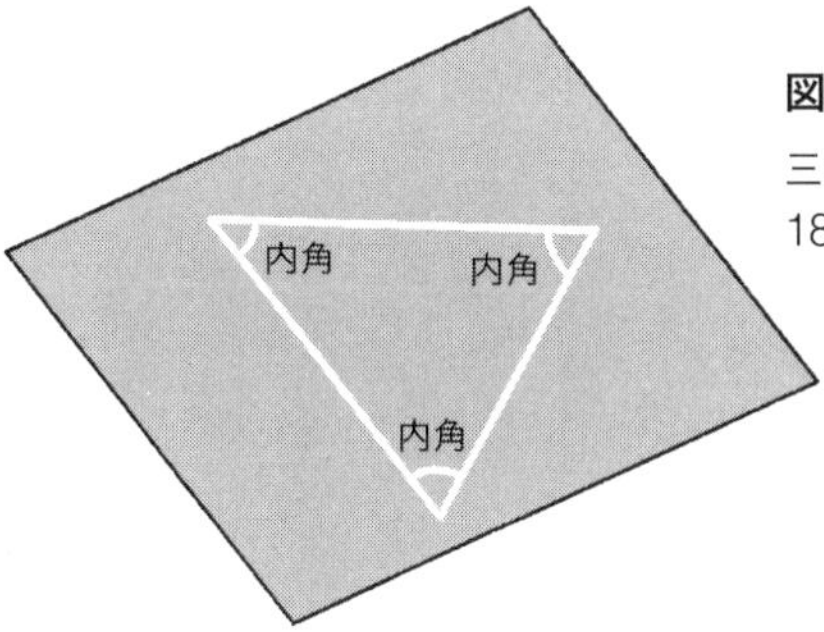


**図4-3. 曲率がゼロ**

三角形の内角の和は、
180度となる。

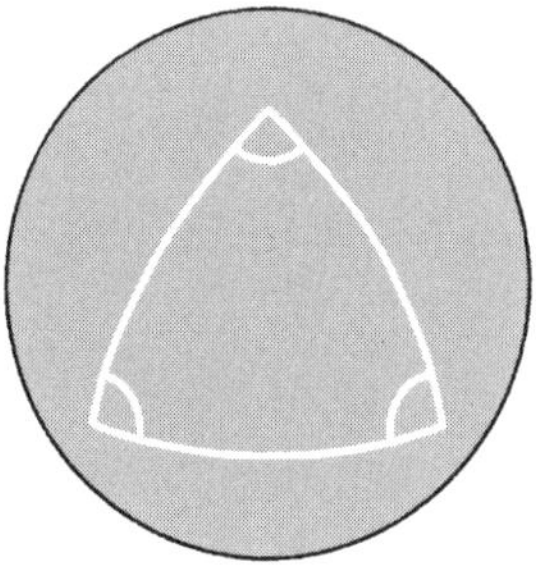

**図4-4. 曲率が正**

三角形の内角の和は、
180度をこえる。

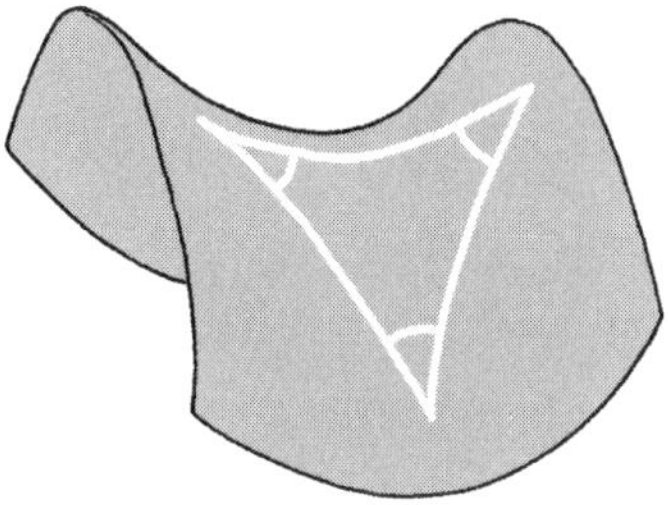

**図4-5. 曲率が負**

三角形の内角の和は、
180度よりも小さくなる。

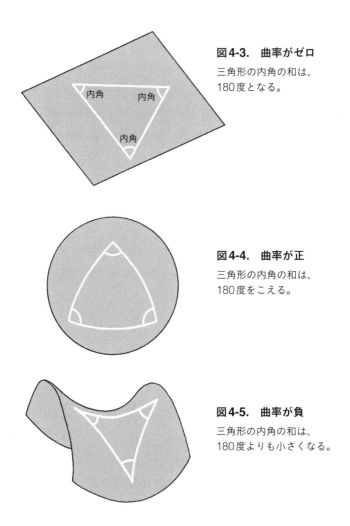

さらに曲率が負の場合は、馬の鞍のような曲がった空間になります。このとき、三角形の内角の和は180度より小さくなるのです（図4－5）。

このように、三角形の内角の和が曲率によって変化する性質は、実際の3次元空間でも成り立ちます。つまり宇宙で三角形をえがけば、曲率がわかるというわけです。

宇宙背景放射の詳細な分析結果などから、少なくとも観測可能な範囲の宇宙については曲率がほぼゼロであることがわかっています。しかし観測結果には誤差があるため、現段階では、曲率が正の可能性も負の可能性もしりぞけられません。

仮に宇宙の曲率がわかった場合、宇宙の大きさについての情報を得ることができます。まず宇宙の曲率が正であったとすると、宇宙の大きさは有限で果て（端）がないことになります。2次元で考えた場合の球の表面と同じように考えることができるためです。一方、曲率がゼロや負の場合は「大きさが無限」である可能性と、「大きさは有限だが果て（端）はない」可能性があります。

## 宇宙の大きさは無限か、有限か

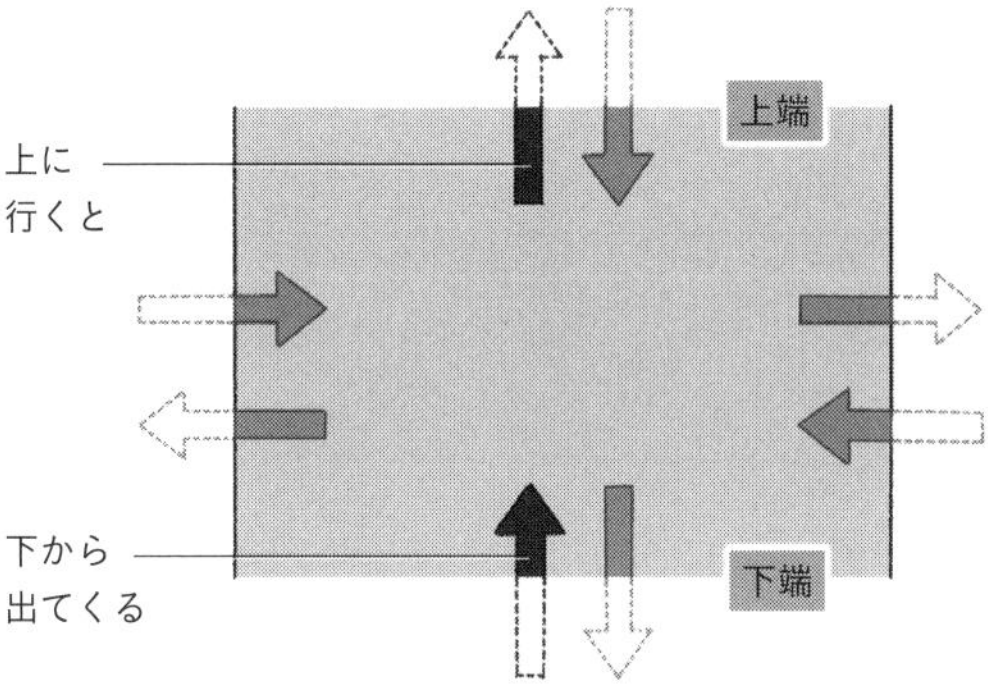


**図4-6. 2次元でえがいた曲率ゼロの宇宙**

では曲率がゼロ、あるいは負の宇宙でありながら「大きさが有限で果てのない宇宙」とは、いったいどのようなものなのでしょう。曲率がゼロの宇宙を例に考えてみます。曲率ゼロの宇宙を2次元でえがくと、平らな紙のようになります(図4－6)。

この紙の上端と下端をつなげて横向きの円柱にします。すると、この紙の上で上方向に進んでいけば、やがて紙の下側から出てくることになります(図4－7)。つまり「大きさは有限でかつ上下方向に果てはない」わけです。

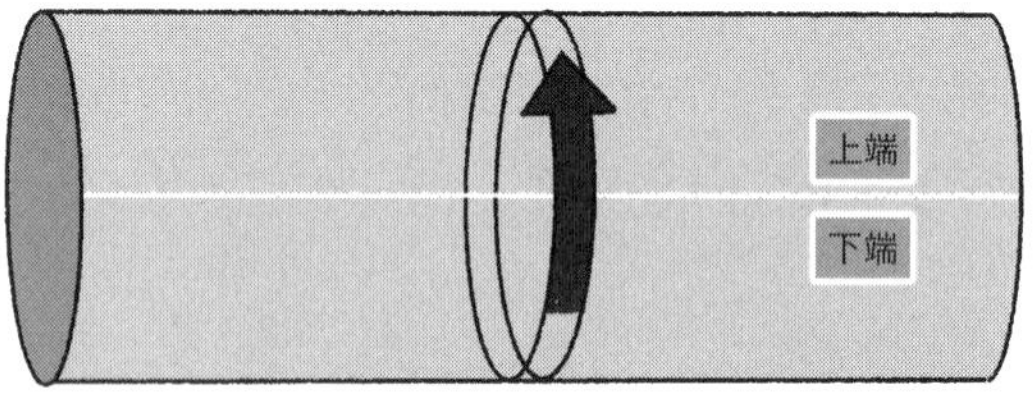
上下方向に果て（端）は存在しなくなる。
上端
下端

**図4-7.　図4-6の上端と下端がくっついた状態**

対応する３次元空間の構造を表現することはできないが、４次元以上の空間の中で曲率ゼロの宇宙を考えることはできる。

さらに、左端と右端もぴったりとくっつけてドーナツ状にします。すると、「紙の上下方向だけでなく、左右方向にも果て（端）がない」ということになります。このような宇宙こそ、大きさは有限で果て（端）のない宇宙です（図4－8）。

同様の性質をもった宇宙は、曲率が負の宇宙でも実現可能なことがわかっています。つまり曲率がどうであっても、有限で果て（端）のない宇宙は可能なのです。

では、果て（端）のある宇宙を考えることはできるのでしょうか。果て（端）のある宇宙は、どのような構造であれ、ある地点で空間がぷっつりと途切れることになってしまいます。空間がぷっつりと途切れる宇宙

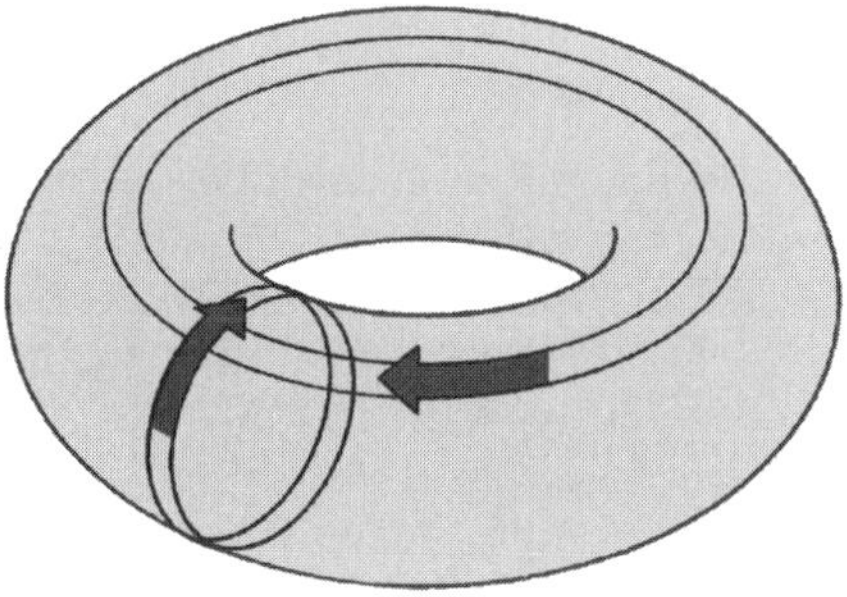

**図4-8. 曲率がゼロかつ大きさは有限の、果て(端)のない宇宙**

は、物理学でとりあつかうことができません。そのため、宇宙はそのような構造にはなっていないと考えられています。

今のところ実際の宇宙の形や、宇宙が有限か無限かについて、観測で明らかになっていることはありません。ただし、たとえば宇宙が無限に大きいのなら、無限の大きさをもつものがどのようにして誕生したのかという、非常にむずかしい問題が生じます。

ここまでの結論をまとめましょう。まず宇宙の大きさが有限か無限かは不明で、無限であれば果てはありません。また有限であっても、端という意味での果ては存在しないと考えられています。そして有限である場合でも宇宙の大きさは、少なくとも観測可能な１３８億光年の範囲よりは十分に大きいはず、ということになります。

## 宇宙の外側に「別の宇宙」が存在している？

さて、宇宙が有限の場合、〝宇宙の外〟がありそうなものですが、実際には宇宙の外は存在しません。外側に何かあるという考えは、そこに空間が存在することを前提にしています。しかし「宇宙の外側」という空間は依然として宇宙の中の空間のはずですので、ありえません。宇宙の外側を無理矢理いいあらわすとしたら、空間も時間も存在しない〝無〟としかいえないでしょう。

第２章で「宇宙は無から誕生した」と説明しましたが、実はその説にともない、面白い説が提唱されています。それは「無から誕生した宇宙は、私たちの宇宙だけだとはかぎらない」という考え方です。つまり無は、たくさんの宇宙を生みだしているのかもしれないのです。

宇宙が私たちの所属するこの宇宙だけではない、という考え方は、現代の宇宙

**図4-9. 無から誕生する、たくさんの宇宙の種**

論のさまざまな場面で見られます。矛盾を含んだいい方ではありますが、図4−9のように、宇宙の〝外側〟には、別の宇宙が存在している可能性があるのです。

通常、宇宙を英語でユニバースといいますが、複数存在する宇宙のことを「マルチバース」もしくは「多宇宙」とよんでいます。マルチバースについては、無から宇宙が誕生する際だけでなく、別の段階でもたくさんの宇宙が生みだされる可能性が指摘されています。たとえばインフレーション（宇宙が誕生の直後に経験したとされる、とてつもないいきおいの急膨張）

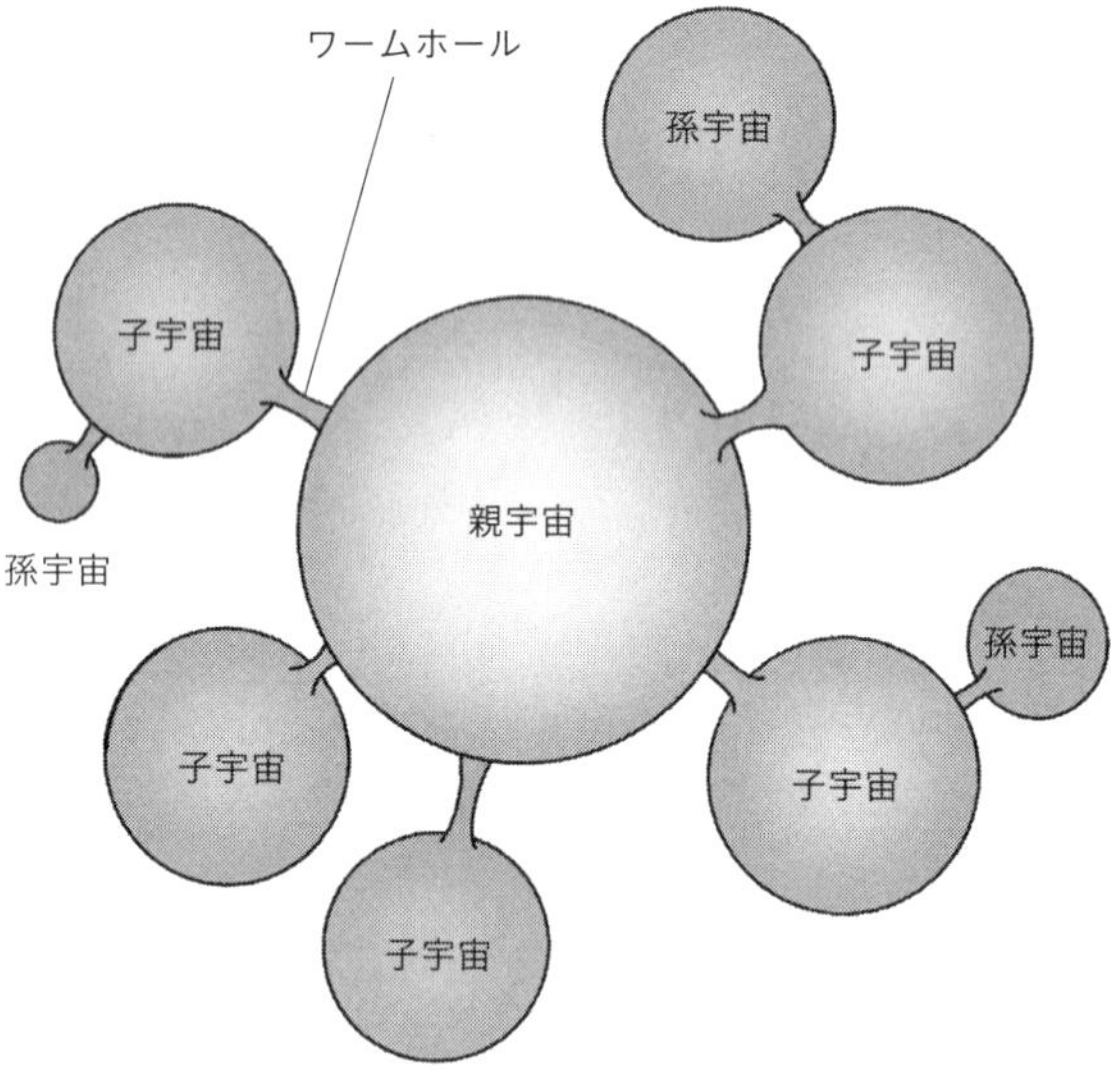


**図4-10.　マルチバース（多宇宙）**

によって生みだされる多宇宙が、それです。

理論予測によると、インフレーションの発生や終了のタイミングで、宇宙の各場所で〝ずれ〟が生じた可能性が高いようです。すると、餅を焼いたときにぷうっとふくらむように、「親宇宙」から「子宇宙」が生まれ、さらに「孫宇宙」ができるといった具合に、まるでいくつもの「こぶ」のように、多宇宙が形成されたかもしれないのです（図4－10）。

こうして形成された多宇宙は、当初は「ワームホール」とよばれる〝トンネル〟によってつながっています。しかしワームホールはすぐに切れ、たがいに行き来できない別の宇宙になると考えられます。

## 私たちの宇宙は、なぜ人間にちょうどよいのか

宇宙が無数に存在すると、ある問題について理論的な説明ができるようになります。それは、私たちの宇宙が人間に都合がよすぎるという問題です。私たちの宇宙の物理法則や物理定数は、まるで私たち人類を生みだすために、絶妙に調整されているかのように見えます。

たとえば、この世界には「強い力」「弱い力」「電磁気力」「重力」という４つの基本的な力が存在します。強い力は「原子核の中の陽子と中性子をつくり上げる力」で、陽子と中性子を構成する素粒子どうしを結びつけます。弱い力は「原子核を崩壊させる力」で、中性子を陽子に変身させます。電磁気力は「電気や磁気をもつ物質どうしにはたらく力」で、重力は「質量をもつ物質どうしにはたらく

力」です。

この4つの力の大きさが今の大きさから少しでも変わると、この宇宙に水素が存在できなくなるか、逆に水素ばかりになってしまうこともあります。今の私たちの宇宙のようにちょうどよい力の大きさでないと、人間は存在できません。

さらに深刻な例として、「真空のエネルギー密度」もあります。物理学では、空間にいっさいの物質が存在しない状態でも、空間そのものがエネルギーをもつと考えます。これが真空のエネルギーです。私たちの宇宙の真空のエネルギーの密度は、大きすぎず小さすぎず、ちょうどよい値をとっています。

真空のエネルギー密度は、宇宙空間の膨張に影響をあたえます。真空のエネルギー密度の値が正か負かによって、空間は加速しながら膨張するのか、それとも空間が縮もうとするのかが決まります。

観測により、私たちの宇宙における真空のエネルギー密度の値は、わずかに正であることがわかっています。実は「値がごく小さい」ことが、生命や人類の誕生にとってきわめて重要なのです。もし真空のエネルギー密度がもっと大きな正の値をもっていたら、空間が膨張して宇宙はスカスカになり、恒星や銀河、人類は生まれなかったはずです。逆に負の値をもっていたら、空間が収縮して宇宙そのものがつぶれていたはずです。

理論的な計算によると、真空のエネルギー密度は、実際の観測値より１２０ケタも大きい値であることが自然なはずだ、という結果が出ています。しかし、なぜ真空のエネルギーがごく小さな値になるのか、そのしくみをうまく説明できる理論はいまだ見つかっていません。

そこで、マルチバースで考えると、真空のエネルギーをはじめ、宇宙が人間に都合のよい理由について一定の説明ができるのです。マルチバースによれば、真空のエネルギーや物理法則、物理定数のことなる宇宙が無数に存在します。その中で偶然、都合のよい宇宙があり、そこにわれわれ人類が誕生した、と考えられるのです（図４－11）。

つまり唯一存在する宇宙が、私たちに都合よく調整されているわけではなく、たくさんある宇宙のうち、たまたま真空のエネルギー密度などがちょうどよい宇宙があったと考えれば、なぜ私たちの住む宇宙が都合よく調整されているのかという疑問が解消されます。さまざまな値が〝ちょうどよい〟状態でないと、人類

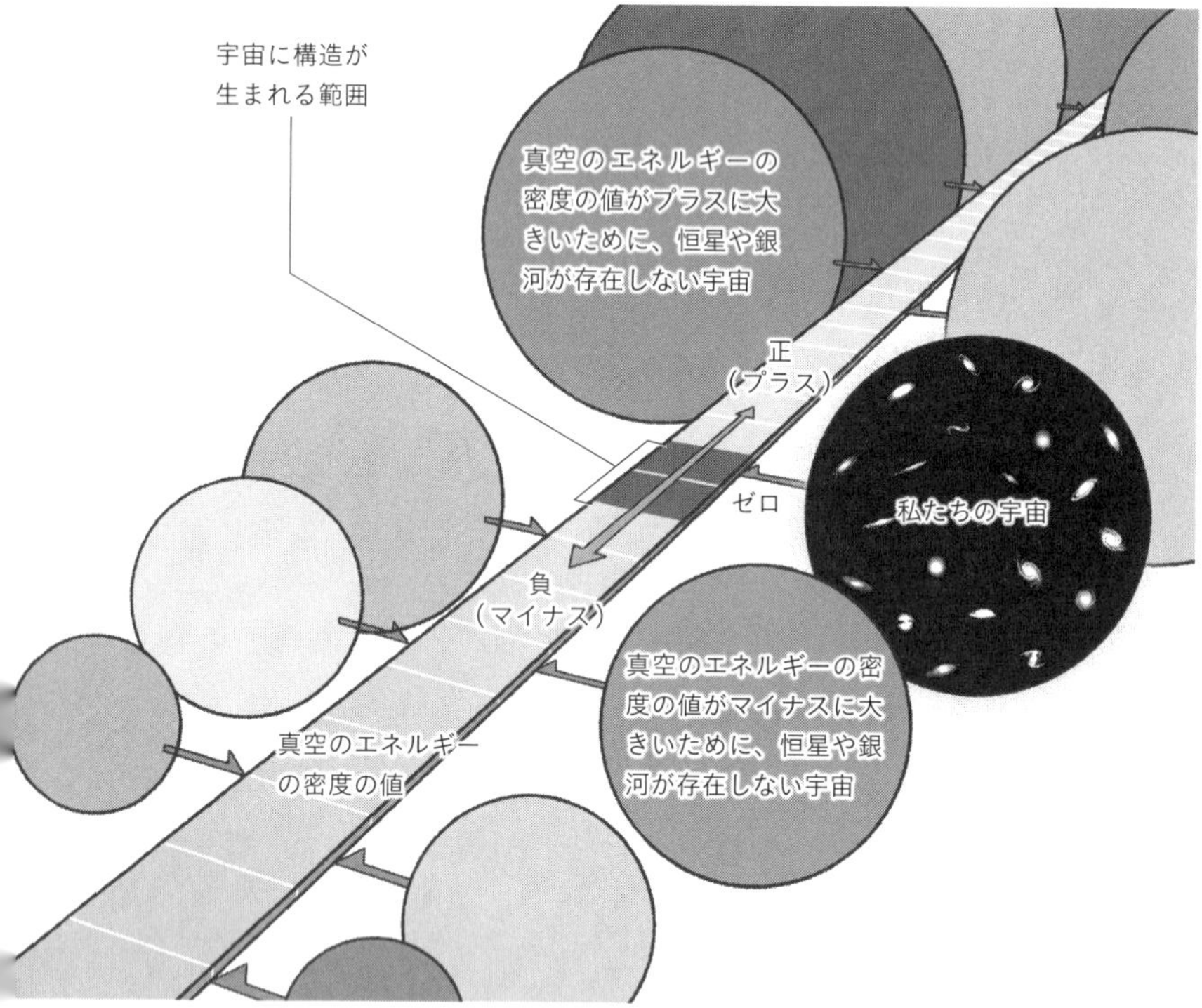


**図4-11.　私たちの宇宙の真空のエネルギーがわずかに
正のため、私たちは生まれることができた**

（知的生命）は誕生しません。逆にいえば、「人類が観測する宇宙の真空のエネルギーの値は、必ずちょうどよい値になる」というわけです。

## 「別の宇宙」の観測は困難？

では、別の宇宙があるとして、実際にその存在をたしかめることはできるのでしょうか。一般的には、別の宇宙を観測することはできないと考えられています。理論的に別の宇宙が存在している可能性が高くても、それらを実際に確認する手段がないのです。

そもそも私たちは、１３８億年前に宇宙背景放射が放たれた場所よりも遠くを見ることができません。そして別の宇宙は、少なくとも私たちの観測可能な宇宙よりも遠方にあるはずです。しかし、たんに人類の観測可能範囲の向こう側に行ったところで、そこは私たちの宇宙と空間がつながっていますから、別の宇宙ではありません。

私たちの宇宙と別の宇宙との間には、隔たりがあるはずです。自分たちの宇宙ですら観測可能な範囲の限界がある私たちは、今の時点では、その果てを見ることはできません。ましてや果ての外側にあるかもしれない別の宇宙を直接観測することは、残念ながらできないのです。

# 第5章

# 天体時代と宇宙の終わり

## 天の川銀河とアンドロメダ銀河は、いつ衝突するのか

いよいよ最後となる第5章のテーマは、宇宙の未来です。今から138億年前に生まれた宇宙にもいつかは終わりがやってくると考えられています。いったい宇宙の未来とはどのようなものでしょうか。

まずは、今から数十億年後におきる、天の川銀河とアンドロメダ銀河の衝突について説明しましょう。私たちがくらす天の川銀河の〝近所〟にはアンドロメダ銀河という大きな銀河があります。このアンドロメダ銀河は現在、地球から約250万光年先にあり、何と秒速約100キロメートル以上の速度で天の川銀河に接近しているのです。このままいくと数十億年後、天の川銀河とアンドロメダ銀河は大衝突を開始すると考えられています。衝突がはじまったころに夜空を見上げると、大きな領域をアンドロメダ銀河が占めることになるでしょう。アンドロメダ銀河と天の川銀河が衝突をはじめると、銀河内のガスが圧縮され、恒星が活発に生まれます。夜空はとても明るく輝くことになるはずです。

ただし、銀河が衝突するといっても、アンドロメダ銀河と天の川銀河の星どうしがぶつかって粉々になったり、その破片が地球に降り注いできたりするようなことはあまりおきないと考えられています。それは、銀河の中では恒星どうしが遠くはなれているためです。太陽から最も近い恒星(ケンタウルス座プロキシマ星)でも4・2光年はなれており、これは太陽を直径1センチのビー玉とすると、約300キロはなれていることに相当します。銀河はいわばスカスカです。そのため銀河どうしが衝突しても、恒星どうしが衝突することはほとんどないのです。両銀河は衝突後、たがいの重力の作用で大きく形をくずしながらも〝すり抜ける〟ことになります。このような銀河どうしの衝突は、実際の天文観測でも見つかっています。

天の川銀河とアンドロメダ銀河の衝突では、たがいの形が大きく変化すると予想されています。図5－1に、今後約60億年にわたる衝突の経過を示しました。まず両銀河の星々は、今お話ししたように、銀河が衝突してもたがいをすり抜けて遠ざかると考えられています(図5－1の2、3)。このとき、銀河の構造は大きく乱れます。相手の銀河の重力の影響を受け、それぞれの星の運動が変化するの

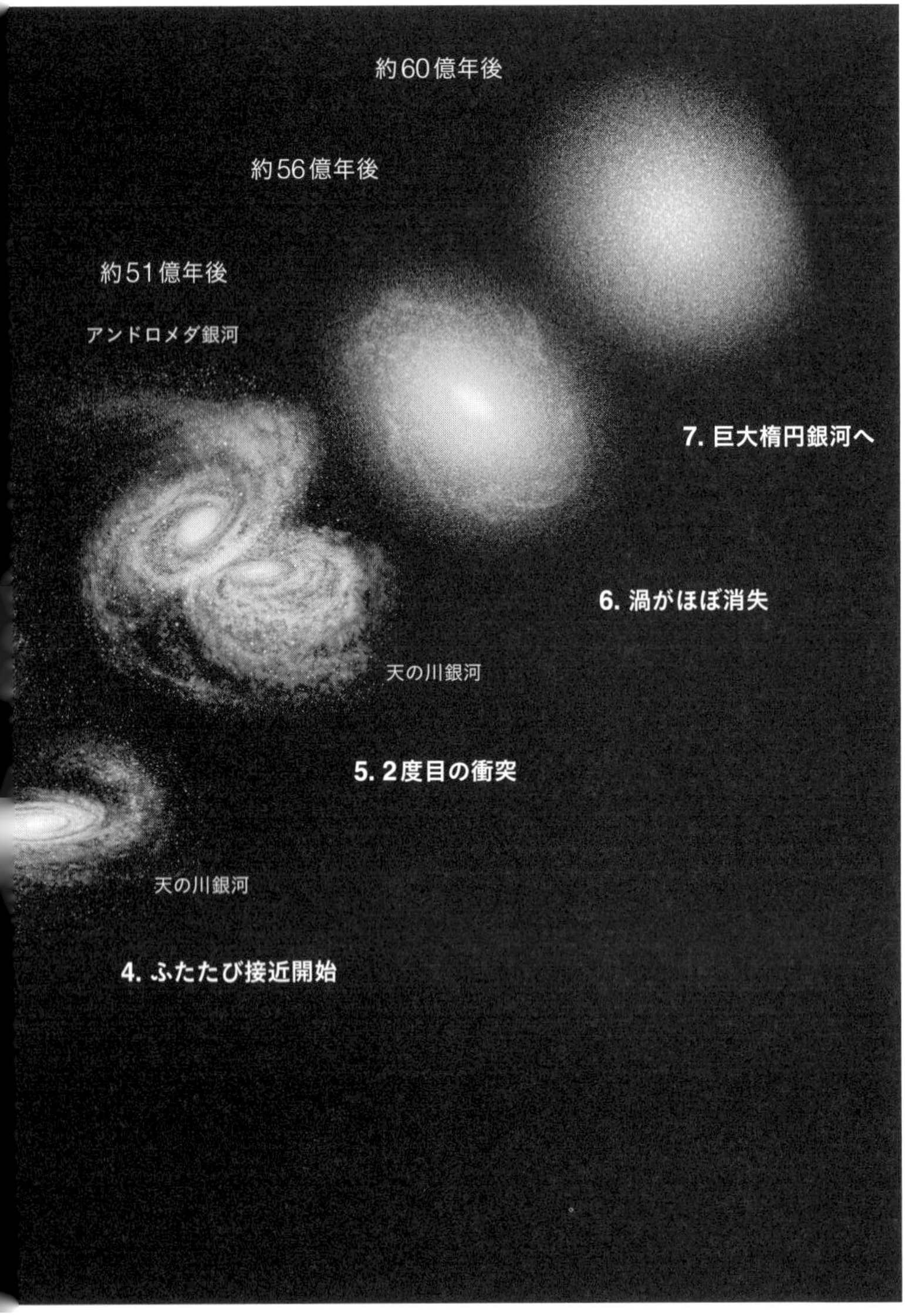

約60億年後
約56億年後
約51億年後
アンドロメダ銀河
7. 巨大楕円銀河へ
6. 渦がほぼ消失
天の川銀河
5. 2度目の衝突
天の川銀河
4. ふたたび接近開始

**図5-1.　今後約60億年にわたる、天の川とアンドロメダ銀河の衝突の推移**

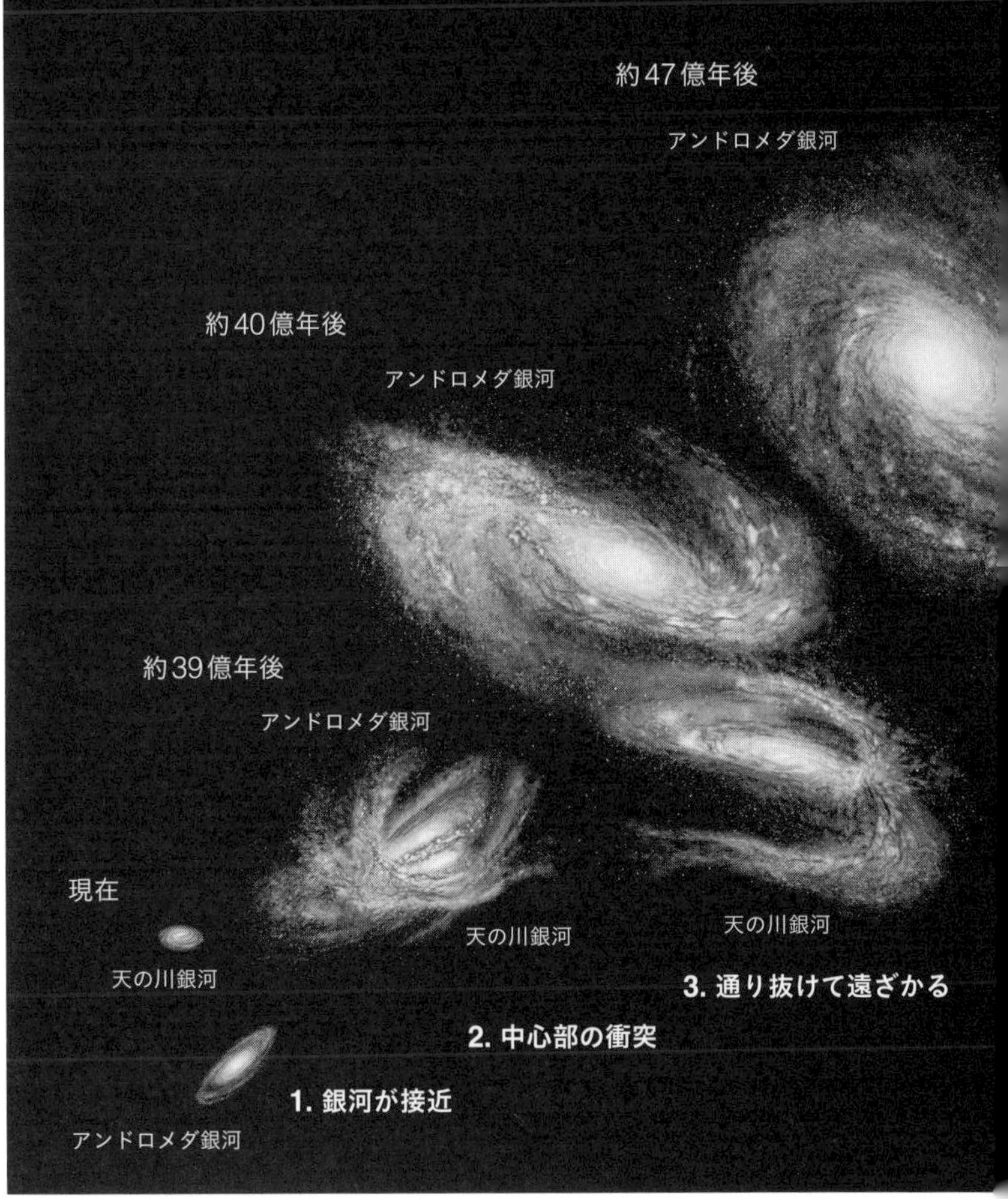

です。

ハーバード大学のチームが２００８年に行ったコンピューターシミュレーションによると、両銀河がすり抜けたあと、太陽系がアンドロメダ銀河に〝持っていかれる〟可能性も約３％ほどあるそうです。その場合、もし人類が存続していたら、現在の地球からは見ることのできない天の川銀河の全貌を、外からながめることができるかもしれません。

さて、一度はすり抜けて距離がはなれた両銀河は、たがいの重力によって引き合い、ふたたび接近します（図５－１の４、５）。二つの銀河はこうした衝突をくりかえしていくのです。

もともと渦を巻いていた両銀河の形は、衝突のたびに大きく崩れていきます。そして約60億年後、最終的に両者は一つにまとまり、巨大な「楕円銀河」になると考えられています（図５－１の７）。たとえ太陽系がアンドロメダ銀河にいったん持っていかれても、結局はもとの天の川銀河と一つになってしまうのです。

## 80億年後に太陽は巨大化し、地球が飲み込まれる？

次は太陽系の未来について考えていきます。今から約60億年後、太陽の中心部では核融合の燃料である水素がつきてしまうと考えられています。水素がつきると、太陽は急激に膨れはじめます。膨張の原因は、太陽の中心部の周囲でおきる核融合反応です。

太陽の中心部で水素が燃えつきると、圧力が減少してしまいます。そのため、太陽みずからの重力によって中心部が収縮していきます。すると、その影響で中心部の温度が上昇し、核融合がそれまでよりも活発におきるようになります。そして今度は、中心部の周囲に残っていた水素が核融合反応をおこしはじめます。そうして発生したエネルギーが外側にあるガスを押し広げるため、大膨張がおきるというわけです。

太陽が巨大化をはじめると非常に明るくなり、地球では日射量が多くなります。地球の気温はどんどん上昇し、海は完全に干上がって、地球は灼熱の大地と

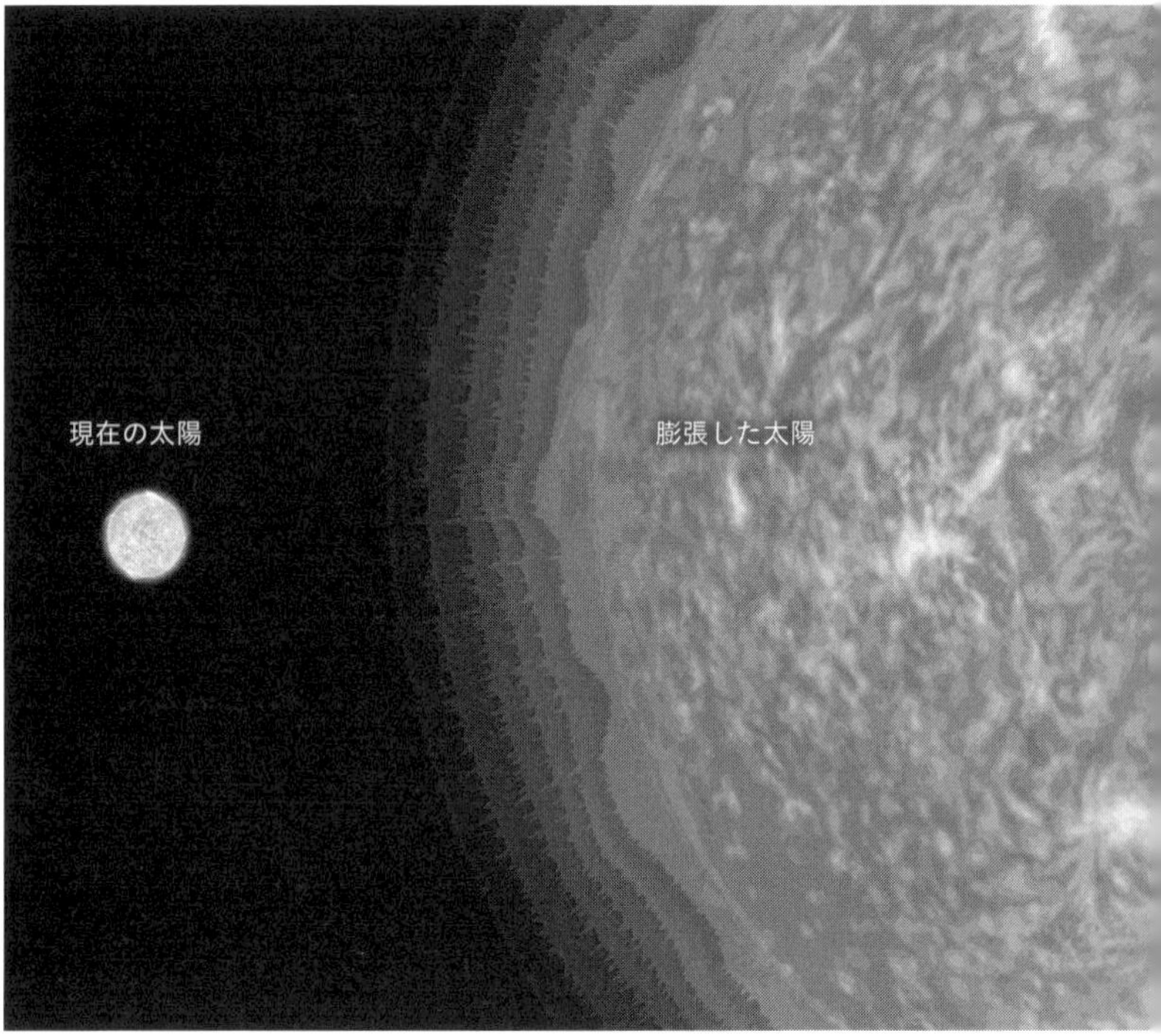


**図5-2.　太陽は最大時、半径が現在の約300倍にまで膨張する可能性がある**

化すでしょう。地球は生命の死滅した〝死の星〟となってしまうのです。

太陽はそれからさらに20億年ほどかけて膨張し、赤色巨《せきしょくきょ》星《せい》という状態になります。太陽がどのくらい巨大化するのかは正確にはわかっていませんが、ある計算では、最大時は半径が現在の約300倍にまでふくれあがるといいます（図5－2）。この場合、太陽に近い水星と金星と地球は、巨大化した太陽に最終的に飲み込まれてしまいます。

飲み込まれたあとの地球は、膨張して希薄になった太陽の中をしばらく公転しつづけます。しかしやがてガスの抵抗を受け、地球は徐々に太陽の中心へと落下していきます。太陽の重力によって地球はばらばらになり、その破片はとけて蒸発してしまうでしょう。

なお、地球が飲み込まれない可能性も考えられています。巨大化した太陽は、ガスを放出して軽くなっていきます。そうすると重力が弱くなり、地球は今より外側を公転するようになるためです。太陽が放出するガスが十分に多ければ、地球は太陽に飲み込まれずにすむかもしれません。ただ、太陽がどのくらいガスを放出するのかは、まだよくわかっていません。

## 太陽は死後「星雲」となる

巨大化した太陽は、ガスを宇宙空間へどんどん放出していきます。そしてついには地球ほどの大きさの中心部だけを残し、太陽を形づくっていたガスは宇宙空間に散らばってしまいます。これが太陽の「事実上の死」といえるでしょう。

残された太陽の中心部は白色矮星《はくしょくわいせい》とよばれる天体になります。白色矮星は、もとの太陽の半分ほどの重さが地球程度の大きさに詰め込まれるため、非常に高密度な天体となり、1立方センチメートルあたり1トン（1000キログラム）もの重さになります。白色矮星になった段階で〝燃料〟がつきているので、核融合反応はおこせませんが、余熱が残っているため、ゆっくりと冷えながら輝きつづけます。

一方、放出されたガスは太陽系を取り巻くようにして広がっていきます。ガスは中心の白色矮星からの光（紫外線）によって照らされ、色とりどりに輝きます。このようなガスの広がりは「惑星状星雲」とよばれています（図5－3）。死後の太

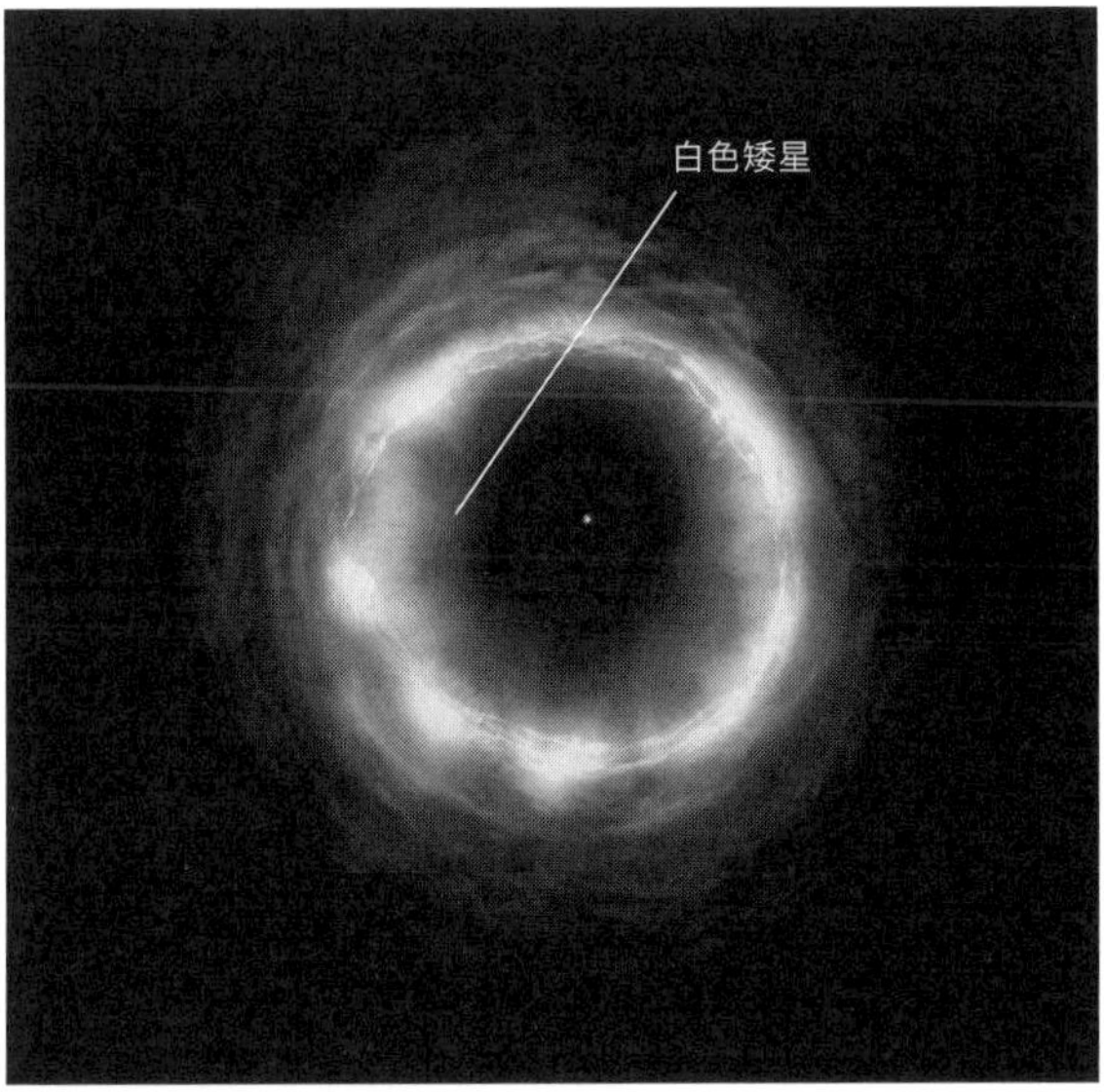


**図5-3.　惑星状星雲になった太陽**

放出されたガスは太陽系を取り巻き、中心の白色矮星からの光によって照らされ、色とりどりに輝く。

陽は、遠い宇宙から見れば、美しい星雲として観測されることになるわけです。

なお、太陽の0・08〜8倍程度の重さの恒星は、惑星状星雲を形成する〝おだやかな死〟をむかえると考えられているため、太陽は超新星爆発によるはげしい死をむかえることなく、その一生を終えます。

## 1000億年後、超巨大銀河が誕生する

太陽の死から時代は一気に進み、1000億年後の宇宙についてお話ししましょう。このころにはたくさんの銀河が合体し、「超巨大楕円銀河」が誕生すると考えられています。

現在、アンドロメダ銀河と天の川銀河は、「局所銀河群」とよばれる数十個の銀河からなる小規模な集団（銀河群）に属しています。この二つの銀河は前述のように数十億年後に衝突・合体し、一つの大きな銀河になると考えられています。局所銀河群に属するほかの数十の銀河も、この巨大な銀河の重力によって引き寄せられ、合体してしまいます。その結果、局所銀河群はただ一つの楕円銀河にまとまってしまうと考えられているのです。

局所銀河群の外はどうなるのでしょうか。宇宙には、銀河群以上に大規模な銀河の集団、銀河団が無数に存在しています。銀河団は100〜数千個の銀河から構成されており、たがいの重力によって結びついています。これらの銀河団も銀

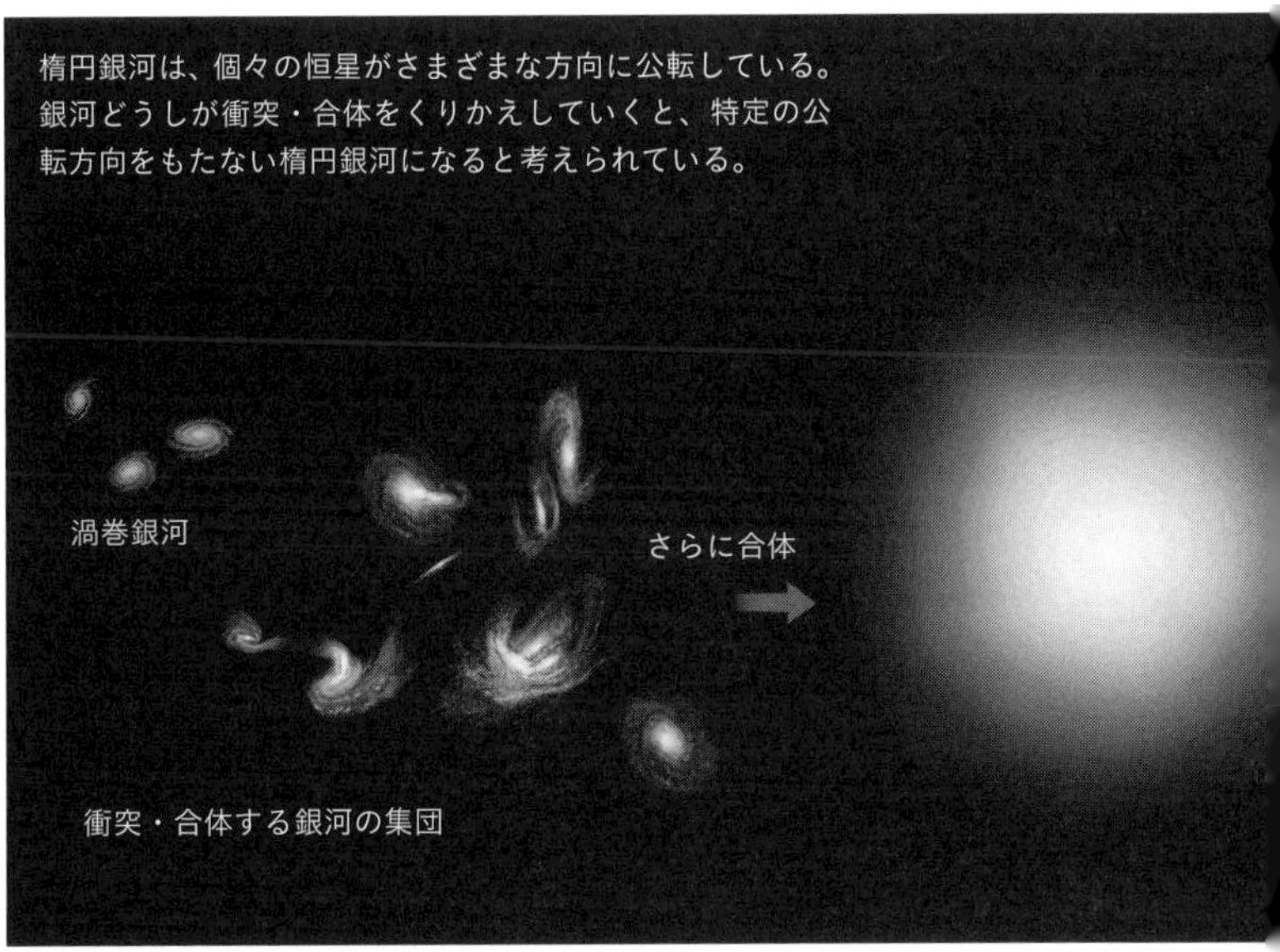
楕円銀河は、個々の恒星がさまざまな方向に公転している。
銀河どうしが衝突・合体をくりかえしていくと、特定の公転方向をもたない楕円銀河になると考えられている。
渦巻銀河
さらに合体
衝突・合体する銀河の集団

**図5-4.　超巨大楕円銀河ができるまで**

河どうしが衝突・合体をくりかえします。そして1000億年後ごろに、銀河団が一つにまとまってできるのが超巨大楕円銀河です（図5－4）。

なお宇宙には、銀河団より大規模な「超銀河団」などの構造もあります。しかし重力によって結びついている宇宙最大の構造が銀河団であり、それより大きな構造は宇宙の膨張の効果が重力に勝ち、たがいにはなれていくため、将来的に一つの巨大な銀河にまとまることはないと考えられています。

## 銀河団どうしが遠ざかることで、宇宙がスカスカに？

銀河群や銀河団が超巨大楕円銀河へと成長した1000億年後ごろになると、超巨大楕円銀河の外は非常にさびしい世界になってしまいます。見える範囲にはほかの銀河は一つも存在せず、超巨大楕円銀河が宇宙の中で孤立してしまうと考えられています。これは宇宙膨張の影響で、ほかの銀河が観測可能な範囲の外に追いやられてしまうためです。

もし宇宙の膨張速度が今と同じままであれば、1000億年後であろうとも、超巨大楕円銀河は宇宙の中で孤立することはありません。しかし宇宙の膨張速度は加速していることがわかっています。そのため、となりの超巨大楕円銀河ですら遠ざかる速さがどんどん増していき、ついには観測可能な範囲の外に出てしまうと考えられているのです。

図5－5を見てください。超巨大楕円銀河Aに自分たちがいたとします。そして別の超巨大楕円銀河Bがあります。1000億年後の宇宙では、空間の膨張が

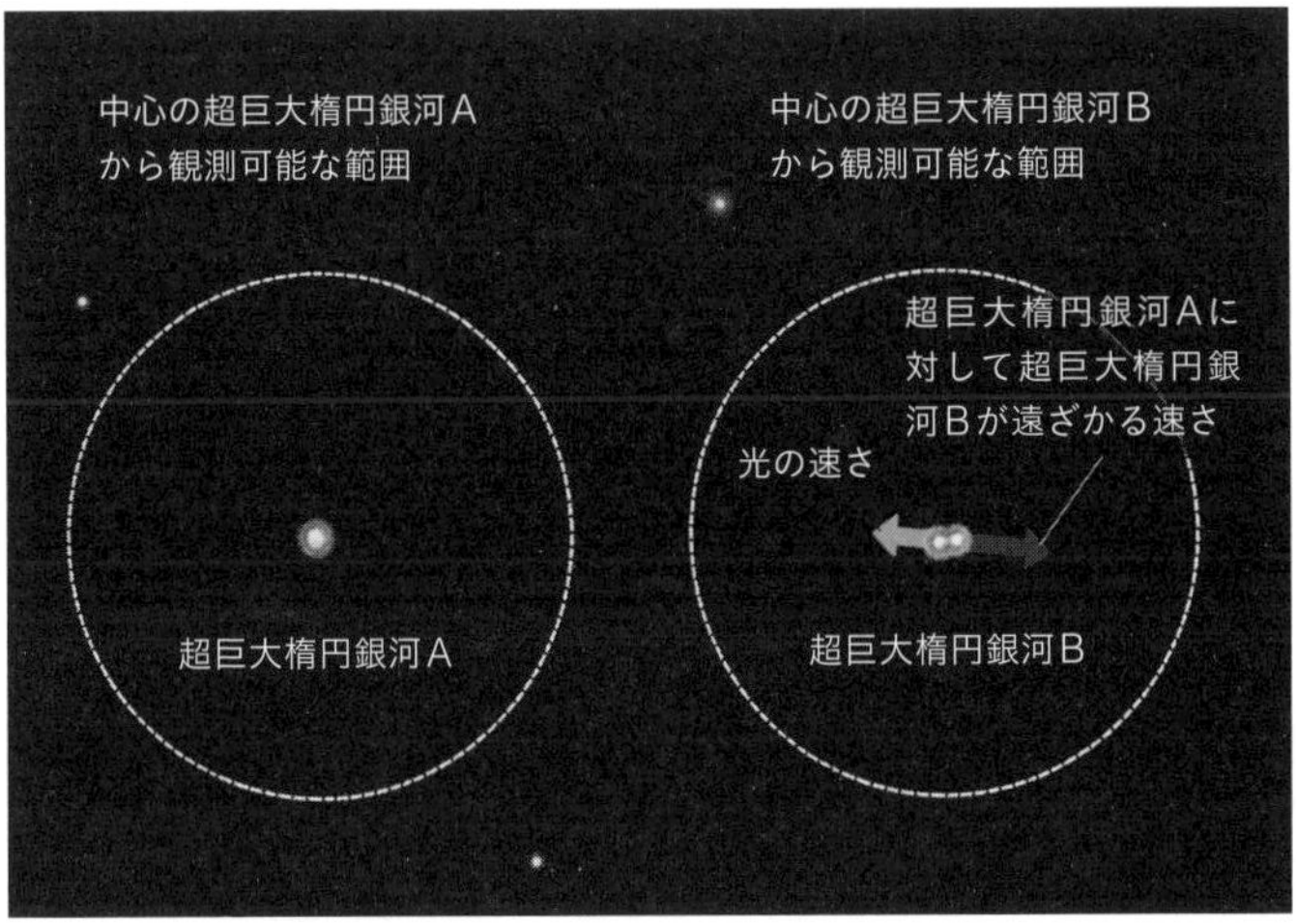


**図5-5.　銀河の後退速度が光の速度をこえると、Bから出た光はAに届かない**

速すぎて、超巨大楕円銀河BがAから遠ざかる速度は見かけ上、光の速度をこえてしまいます。銀河の後退速度が光の速度をこえると、超巨大銀河Bから出た光は決して超巨大銀河Aに届かないことになります。つまり、超巨大楕円銀河Bは超巨大楕円銀河Aからは見えないのです。

アインシュタインの相対性理論から「物体の運動の速さは、光の速さをこえることはできない」という速度の限界があることが明らかになっています。しかし銀河の遠ざかる速さは、空間が膨張することによる、ある種の見かけ上の速さのため、相対性理論の制限を破っているわけではありません。したがって、光よりも速く遠ざかり、超巨大楕円銀河が宇宙の中で孤立する、ということはありえるのです。

ちなみに、このような宇宙に私たちのような知的生命体が存在しているとしても、私たちのように「宇宙が膨張している」という事実を発見できないかもしれません。私たち人類は、遠方の銀河が遠ざかっているという観測事実から宇宙が膨張していることに気づきました。しかし孤立した超巨大楕円銀河からは、となりの銀河すら観測できませんから、宇宙膨張に気づくのは非常にむずかしいと考えられます。

## 宇宙からなくなっていく「恒星の材料」

超巨大楕円銀河の中にある恒星も、やがてなくなっていきます。恒星の寿命は軽いほど長いことが知られています。太陽程度の重さなら寿命は100億年ほどです。太陽の半分程度の重さの恒星なら寿命は600〜900億年ほどになると考えられ、現在の宇宙年齢である138億歳を大きくこえます。さらに軽い恒星では、寿命はもっとのびると考えられています。

最期をむかえる恒星は宇宙空間にガスを放出し、そのガスが新たに誕生する次の世代の恒星の材料になります。このように星は世代交代をくりかえしていきます。しかしこれは永遠にはつづきません。恒星の〝燃料〟がしだいに宇宙からつきていくため、やがて恒星が誕生しづらくなっていくのです。

恒星の輝きの源は、中心部でおきている核融合反応です。燃料となる水素などの軽い元素の原子核がぶつかり合い。融合することで、より重い元素（原子番号の大きな元素）の原子核がつくられます。第２章で説明したように、誕生直後の宇宙に存在する元素はほとんどが水素でしたね。その後、軽い元素が核融合反応をおこすことで酸素や炭素、鉄といった、より重い元素がつくられていきました。このように星の誕生と死がくりかえされると、恒星の燃料となる軽い元素は、しだいに少なくなっていきます。そうして新たな恒星が生まれづらくなり、銀河は輝きを弱めていくのです（図５－６）。そしてだんだんと宇宙は暗くなっていくでしょう。

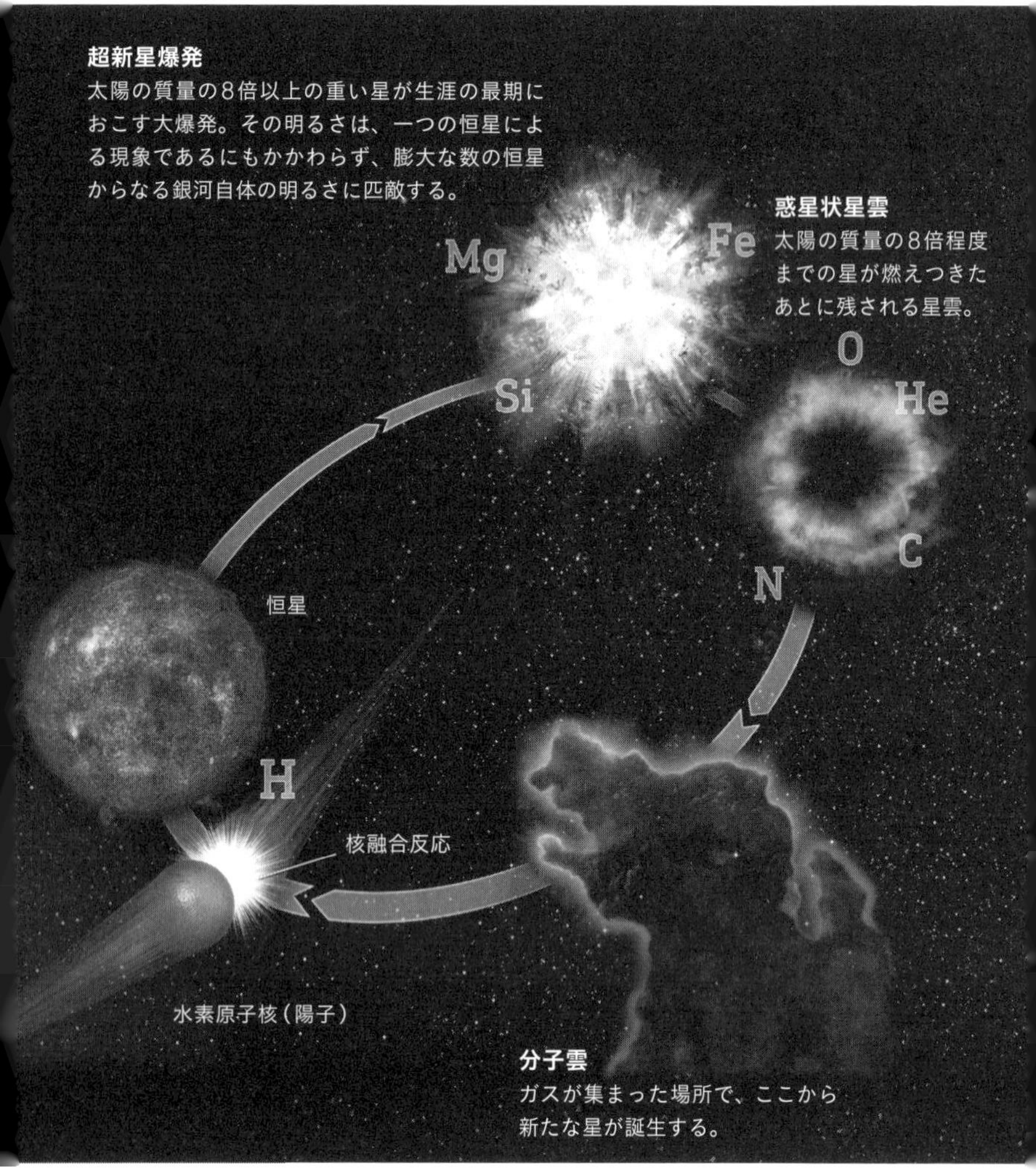


**図5-6.　恒星の誕生と死**

恒星の燃料となる軽い元素はしだいに減っていき、宇宙はだんだん暗くなっていく。

## 長寿命の恒星が死ぬ10兆年後、宇宙は輝きを失う

では実際に恒星がなくなるのは、いつになるのでしょう。太陽の質量の8〜50%程度の軽い恒星は赤くて暗く、「赤色矮星《せきしょくわいせい》」とよばれています。この赤色矮星が宇宙で最も長寿命の恒星で、寿命は最長で10兆年程度にも達すると考えられています。そのため、星の燃料となる軽い元素が銀河内でつきてくると、赤色矮星が銀河の輝きの大部分をになうようになり、銀河はどんどん暗くなっていきます。

宇宙は誕生してまだ138億年ですから、赤色矮星の寿命は途方もない年月だといえるでしょう。しかし、それでも寿命は有限です。10兆年程度後には赤色矮星すら燃えつき、銀河、そして宇宙はほとんど輝きを失ってしまうと考えられます。なお、太陽の質量の8%未満のさらに軽い星は、「褐色矮星《かっしょくわいせい》」とよばれます。こちらは持続的に核融合反応をおこせないため、恒星にはなれません。

赤色矮星が燃えつきたあと銀河に残っている天体は、大小さまざまなブラックホール、重い恒星の残骸である中性子星、軽い恒星の残骸である白色矮星が冷え

**図5-7.　天体を飲み込むブラックホール**

ブラックホールが天体を飲み込む際、花火のように輝きを放つことがあるが、すぐに暗闇の世界にもどってしまう。

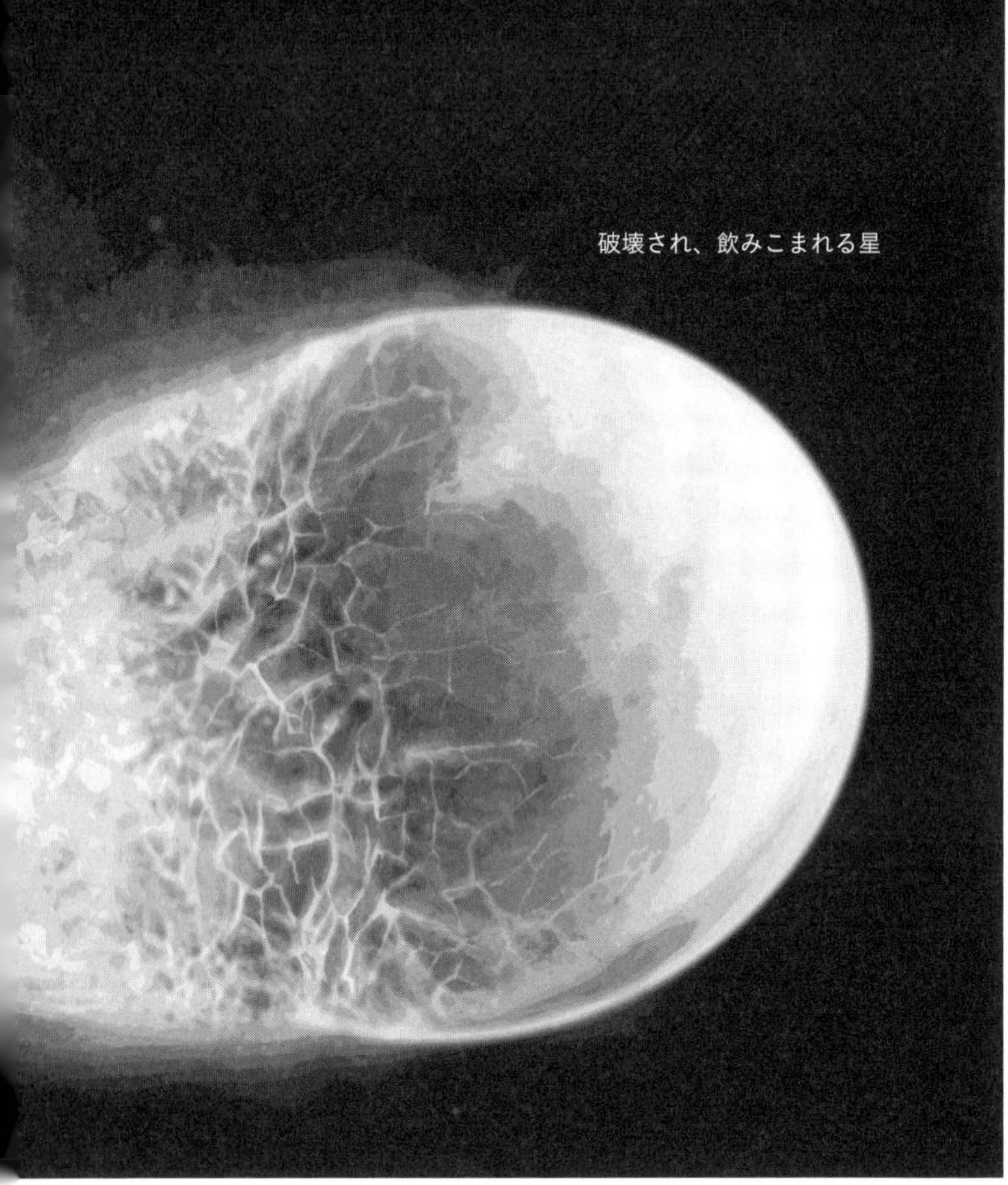

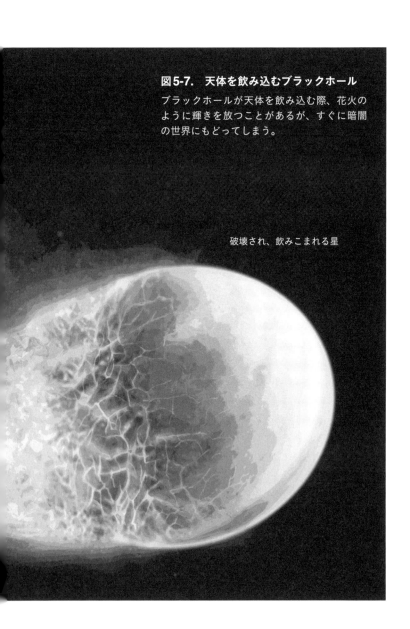

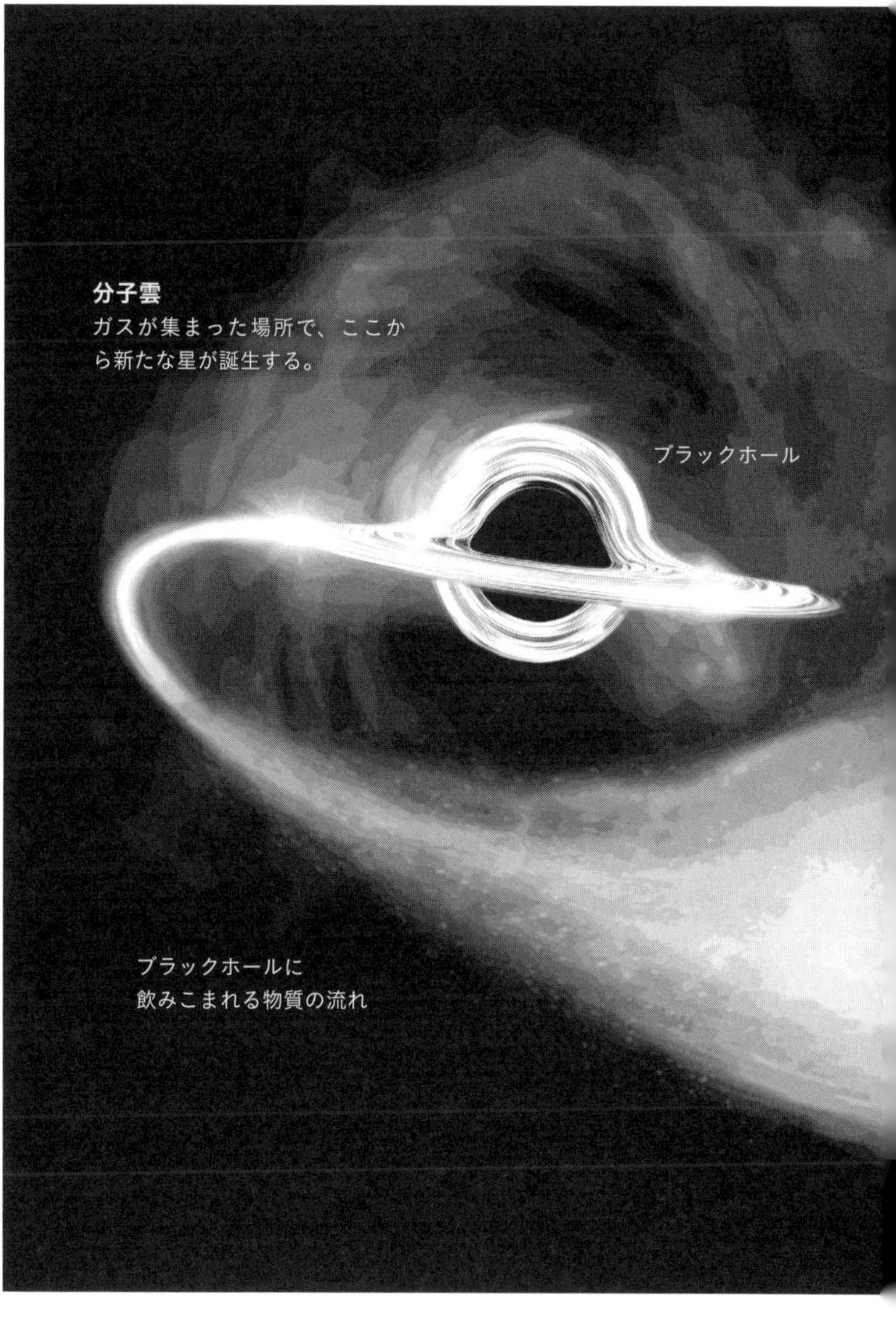
**分子雲**
ガスが集まった場所で、ここから新たな星が誕生する。
ブラックホール
ブラックホールに
飲みこまれる物質の流れ

て暗くなった天体（「黒色矮星《こくしょくわいせい》」とよばれることもあります）、そして褐色矮星や惑星、衛星、小惑星などです。これらはもとの恒星の中心部が重力によって収縮してできる、超高密度な天体です。大部分が原子核の構成要素の一つである中性子からできており、密度は1立方センチメートルあたり約10億トンにも達します。

このように10兆年後の宇宙に存在する天体はいずれもみずから輝くことはありません。しかしブラックホールが天体を飲み込んだり、天体どうしが衝突したりする際に輝きを放つことがあります（図5－7）。ときおり花火のように明るく輝くものの、すぐに暗闇の世界にもどるでしょう。

## $10^{20}$年後の宇宙はブラックホールだらけ？

銀河から明るい天体はほとんどなくなり、宇宙は暗闇となります。そして銀河もしだいに〝蒸発〟して小さくなっていきます。

銀河を構成している天体たちは、銀河の中でじっとしているわけではなく、つねに動いています。たとえば私たちの太陽系は、天の川銀河の中を2億数千万年の周期で公転しています。こうした天体どうしは、まれに接近遭遇することがあります。すると、たがいの重力の影響を受け、その軌道が変わり、銀河の中心に向かって〝落下〟したり、遠くに飛んでいったりします。こういったことがくりかえされることで、銀河から天体が消え去ってしまうのです。

　銀河から天体が消えるのは、$10^{20}$年後（1垓《がい》年後。1垓は1兆の1億倍）ごろだと考えられています。一方、ブラックホールだけは、このような宇宙の中で成長をつづけていきます。重い星が死にたえた銀河では、たくさんのブラックホールが誕生します。さらにブラックホールは、その強烈な重力で銀河の多くの物質を飲み込み、飲み込んだ天体の質量の分だけその大きさを増していきます。

　ブラックホールの頂点に君臨するのは、銀河中心の超巨大ブラックホールです。こちらは通常のブラックホールにくらべ、はるかに大きな質量をもっています。また、たくさんの銀河が合体してできる未来の超巨大楕円銀河の中心にも、巨大なブラックホールが鎮座しているはずです。

　銀河の中心に落ちていった天体の多くは、最終的には銀河中心のブラックホールに飲み込まれてしまうことになります。さらに、小さなブラックホールも巨大

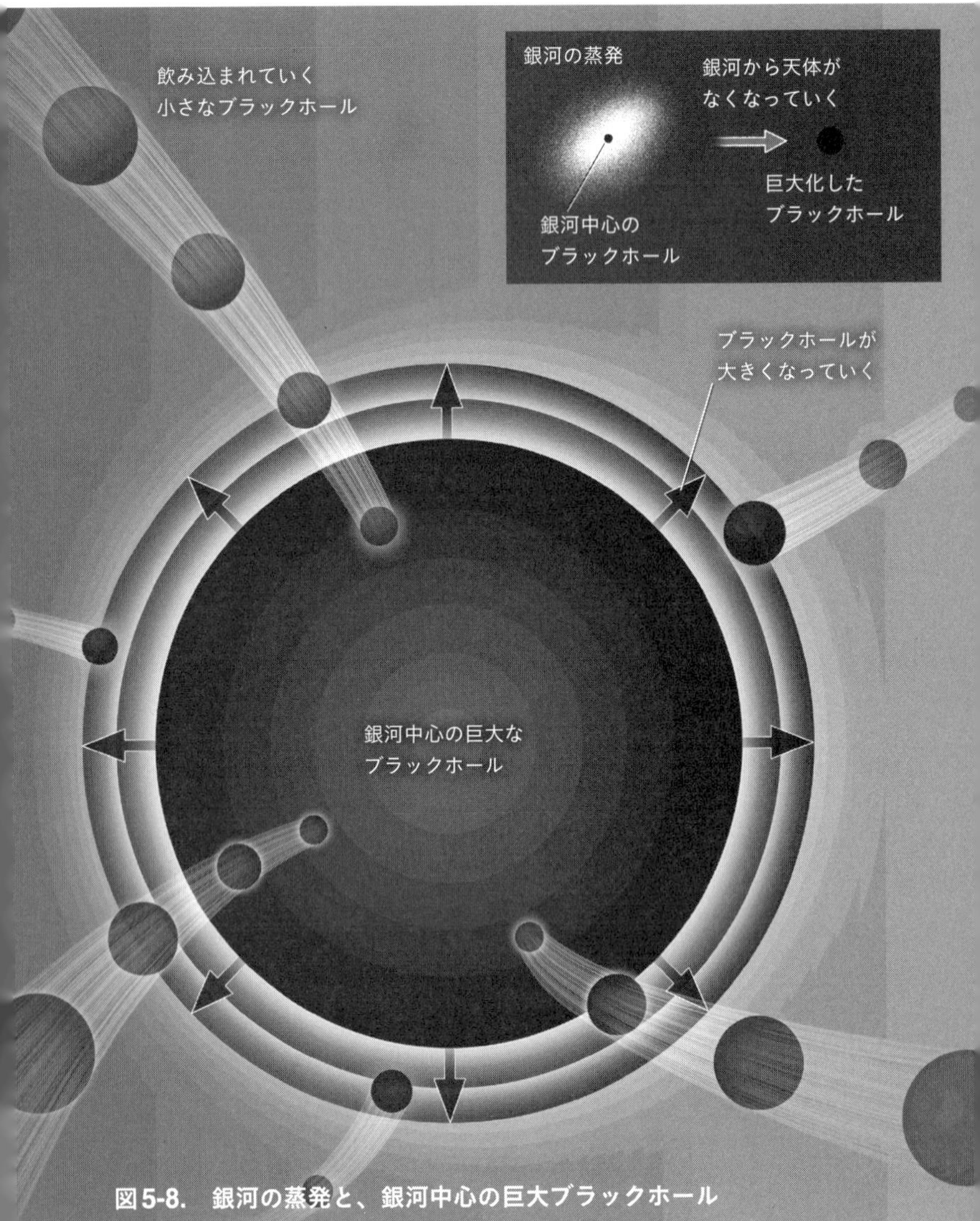


図5-8.　銀河の蒸発と、銀河中心の巨大ブラックホール

大ブラックホールに吸収されます。こうして銀河中心の巨大ブラックホールは、どんどんその大きさを増していきます。ブラックホールに吸収されます。こうして銀河中心の超巨大ブラックホールは、その大きさをどんどん増していきます（図5－8）。

## $10^{34}$年後、原子は消えてなくなる

ブラックホールから逃れ、どうにか生き延びる天体たちもあるでしょう。しかしそのような天体も、遠い将来には消滅してしまうと考えられています。ブラックホール以外の天体は、基本的に原子からできています（中性子星は例外で、原子の構成要素の一つである中性子が主な構成要素です）。その原子自体が、いずれ崩壊すると考えられているのです。

原子が原子核とその周囲に分布する電子からできていることはお話ししましたね。原子核はプラスの電気をおびた陽子と、電気をおびていない中性子が複数集まって構成されていますが、この陽子が将来壊れてしまうと考えられているので

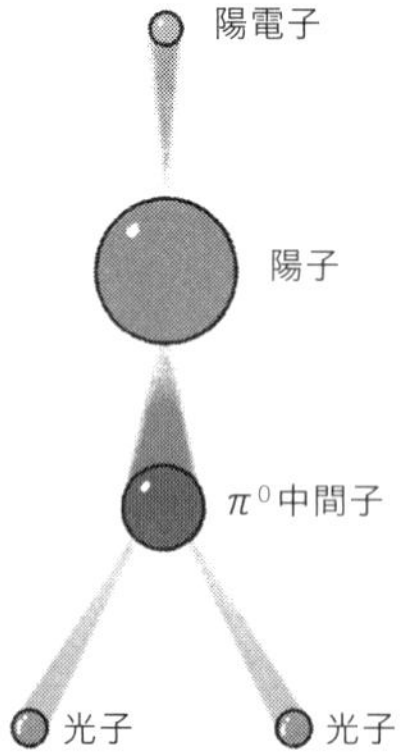


**図5-9.　陽子崩壊**

大統一理論によれば、非常に長い年月がたつと、
陽子は別の粒子へと崩壊する。

す。中性子は単独だと不安定で、15分程度で複数の粒子に崩壊してしまいます。一方、陽子は非常に安定した粒子で、壊れることはほとんどありません。しかし素粒子物理学の「大統一理論」という理論によると、陽子も非常に長い年月がたつと、別の粒子へと崩壊すると予想されています。これを「陽子崩壊」といいます（図5－9）。

陽子崩壊がおきると、原子核の中の中性子や、中性子星を形づくっている中性子も安定した状態ではいられず、いずれ崩壊してしまいます。そして原子核中の陽子や中性子が崩壊していけば、いずれ原子は消滅してしまいます。すると、原

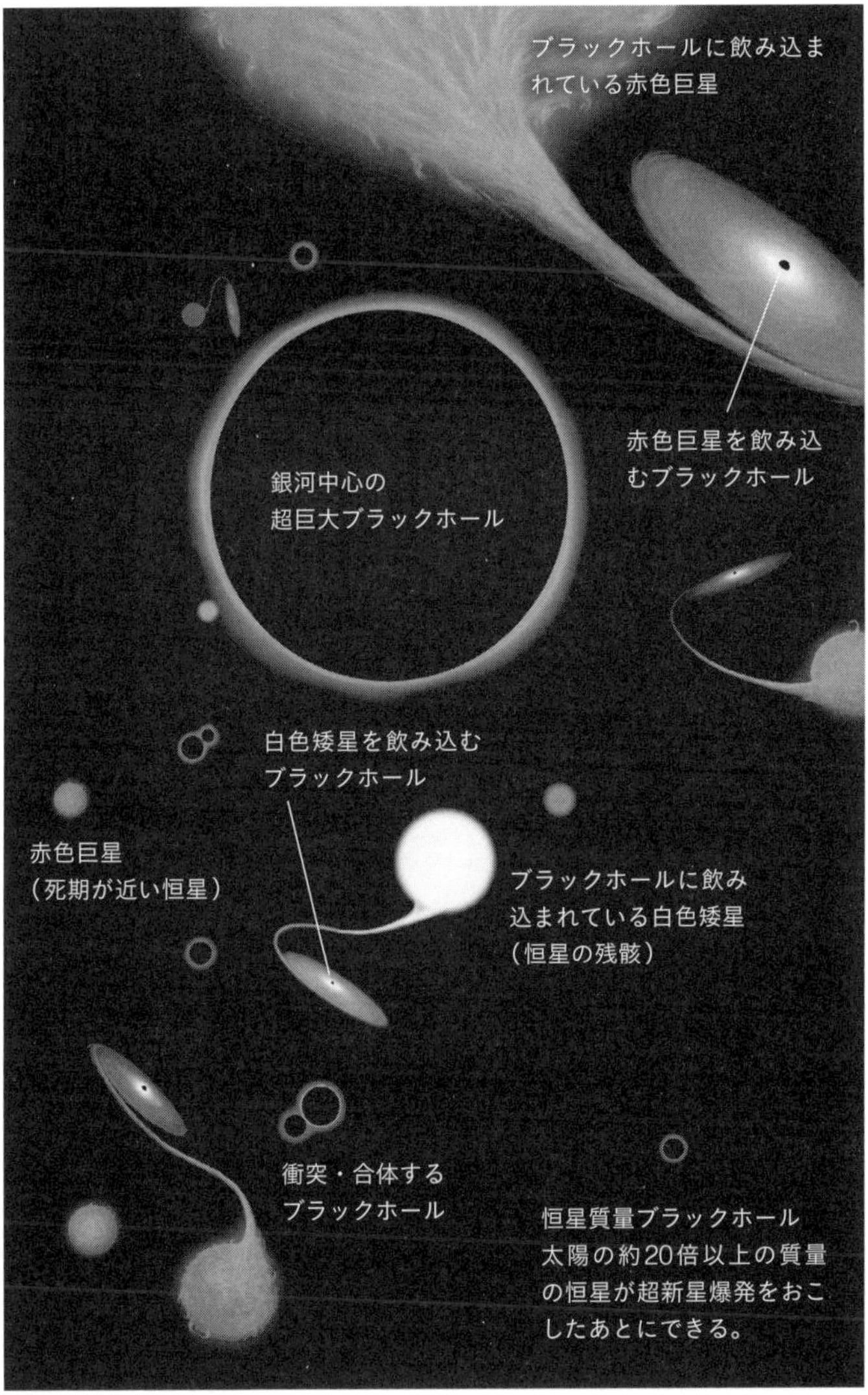


**図5-10.　陽子崩壊後も、ブラックホールだけはしばらく存在する**

子からできている天体などのあらゆる物体も消滅していくことになります。

陽子の崩壊はまだ実験的に観測されておらず、寿命はよくわかっていませんが、$10^{34}$年（1兆年の1兆倍の100億倍）程度か、それ以上ではないかと考えられています。つまり$10^{34}$年後以降、宇宙からは陽子や中性子が消えていき、その結果あらゆる天体・物体が消滅していくことになります。ただし、陽子崩壊のあとでもブラックホールはしばらく残っているでしょう（図5－10）。

## $10^{100}$年後に消えるブラックホール

陽子崩壊後にしばらく残っていたブラックホールも、周囲に飲み込む物がなくなると、それ以上大きくなれなくなります。するとブラックホールは蒸発（ブラックホールが光や電子などを放出し、少しずつ軽く小さくなっていく現象）により、少しず

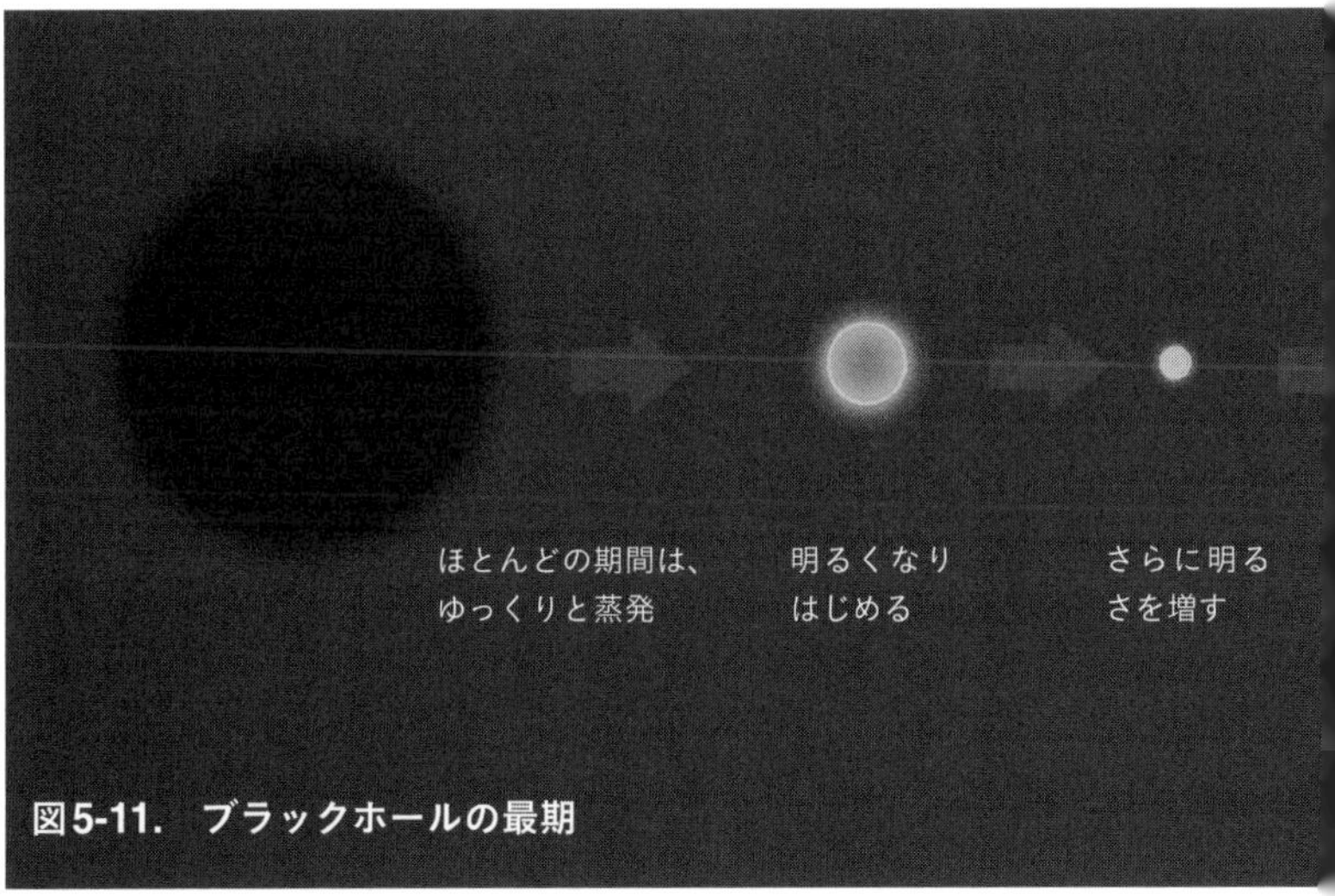
ほとんどの期間は、
ゆっくりと蒸発
明るくなり
はじめる
さらに明る
さを増す

図5-11.　ブラックホールの最期

つ小さくなります。これはミクロな世界の物理学量子論にもとづいた現象で、スティーブン・ホーキング（1942〜2018）により、理論的に予言されました。

たとえば炭などの物体は、熱すると赤くなって光を発します。これは熱放射とよばれる現象です。ブラックホールの蒸発も一種の熱放射とみなせます。ただし通常のブラックホールの温度はとても低いため、実際に熱放射を検出することはできません。

ブラックホールの温度は、ブラックホールが軽い（質量が小さい）ほど高くなります。そのため蒸発の速度は、はじめはとてつもなくゆっくりですが、蒸発が進んで質量が小さくなるにつれ徐々に温度が上がり、蒸発のスピードを増していくことになります。小さくなるほど蒸発ははげしさを増し、最終的には爆発のようないきおいで光やさまざまな素粒子を放出し、その後、消滅すると考えられています（図5－11）。

ブラックホールが蒸発しつくすまでには、途方もない年月がかかります。太陽の質量程度の軽いブラックホールの場合だと、約$10^{67}$年にもなります。銀河の中心に君臨する巨大ブラックホールの場合は、ざっと$10^{100}$年かかると予想されています。そして$10^{100}$年後にはブラックホールも消え、宇宙は素粒子が飛びかうだけの世界となってしまいます。つまり$10^{100}$年かけて、誕生直後の宇宙と似たような素粒子だけの世界にもどるわけです。ただし宇宙は膨張をつづけているため、$10^{100}$年後の世界は途方もなく広く、素粒子の密度が薄められた、さびしい世界だといえるでしょう。

## 宇宙は、ほぼ空っぽになり「時間」がなくなる

　ここまでの話を少し振り返りましょう。$10^{34}$年後以降、陽子が崩壊し、原子は消滅してしまいます。また$10^{100}$年後ごろになると、ブラックホールも蒸発しつくし、宇宙から天体とよべるものがなくなります。すると宇宙は、いくつかの素粒子が飛びかうだけの世界となってしまっているため、目に見えるようなものは何も残っていないわけです。

　この段階で残っているのはすべて素粒子で、電子、電子の反粒子である陽電子（反電子）、光（電磁波）、電気的に中性の素粒子であるニュートリノ、そしてダークマターの粒子くらいだと考えられます。これらの素粒子は崩壊しない、安定な素粒子だと考えられています。

　さて、宇宙の加速膨張がつづいていくと、素粒子の密度はゼロに近づいていき、素粒子どうしが近づくことさえほぼなくなっていきます。ブラックホールが消滅しつくしたころ（$10^{100}$年後ごろ）には、宇宙はほとんど空っぽといえる状態になっ

ているでしょう。このような宇宙では、何も変化がおきません。時間がたっても何も変わらないわけですから、時間が意味をなさなくなります。事実上の「時間の終わり」といえるでしょう。

このような宇宙の終わりは「ビッグフリーズ（Big Freeze）」や「ビッグウィンパー（Big Whimper）」などとよばれています。フリーズは「凍結」、ウィンパーは「すすり泣き」を意味します。これが今のところ最も可能性の高い、宇宙の最期のシナリオです。

## 宇宙は生まれ変わる？

ビッグフリーズに達した宇宙は、さらに遠い将来「小さな宇宙に生まれ変わる」という予言をしている研究者もいます。１９８２年に「宇宙は空間も時間も存在しない無から生まれた」とする「無からの宇宙創生論」を提唱した、理論物理学者アレキサンダー・ビレンキン（１９４９〜）らです。

ビッグフリーズに達した宇宙は「トンネル効果」とよばれる現象により、「ミ

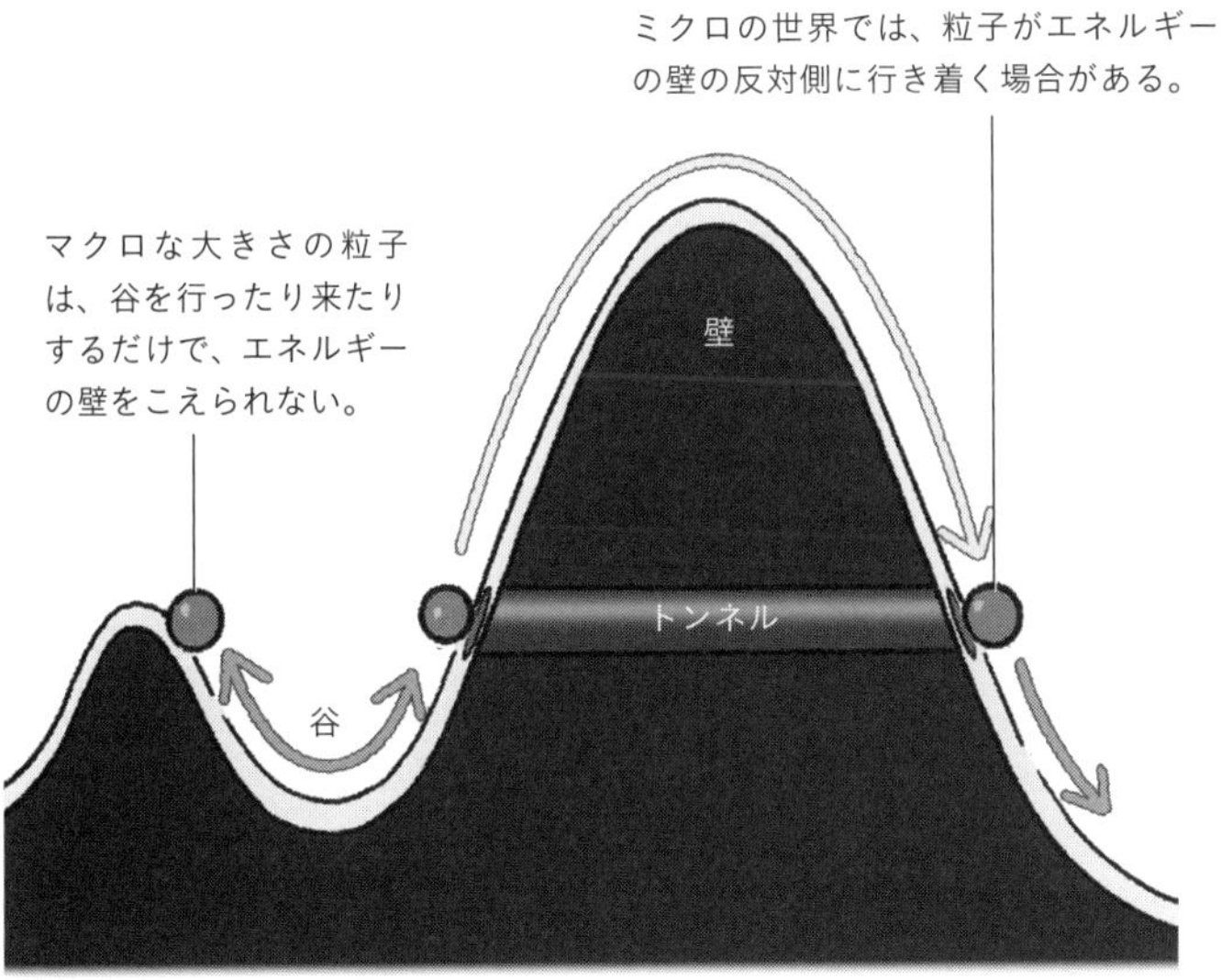
ミクロの世界では、粒子がエネルギーの壁の反対側に行き着く場合がある。
マクロな大きさの粒子は、谷を行ったり来たりするだけで、エネルギーの壁をこえられない。
壁
トンネル
谷

**図5-12.　トンネル効果**

クロサイズの宇宙に生まれ変わる可能性がある」と、ビレンキンらは理論的な計算によって導きだしました。

トンネル効果について説明しましょう。たとえば高い壁があり、その壁の向こうにボールを投げ入れたいけれど、高すぎてとうてい無理だとします。壁にボールをぶつけても、当然跳ね返ってきてしまいます。ところがミクロの世界をあつかう「量子論」によると、素粒子レベルでは、あたかもトンネルを抜けるように粒子が壁をすり抜ける現象がおこりうるというのです。これがトンネル効果です（図5－12）。

　ビッグフリーズに達した宇宙は、トンネル効果によって大きな「障壁」をこえ、ミクロな宇宙に生まれ変わると考えられています。確率は低いですが、宇宙がかぎりなく加速膨張をつづけていけば、遠い将来におきるでしょう。

　転生したミクロな宇宙は、ダークエネルギーと似た、空間を加速膨張させるエネルギーに満ちたものになります。しかもダークエネルギーよりも圧倒的に大きなエネルギーをもち、猛烈ないきおいで空間が膨張していきます。これは、宇宙誕生時におきたとされるインフレーションと同様のものです。そしてインフレーションはいずれ終わりをむかえ、新たな宇宙の歴史がスタートすると考えられます。

　生まれ変わった宇宙は、私たちの宇宙とは素粒子の種類や質量、素粒子の間にはたらく力など、さまざまな面でことなっていると考えられます。そのような宇宙で恒星や銀河が誕生するのか、生命が誕生するのか、よくわかりません。また、もしこの仮説が正しいとすれば、私たちが今いるこの宇宙も、生まれ変わりを経たあとの宇宙なのかもしれません。

## ダークエネルギーが宇宙の運命をにぎる

ここまで紹介したビッグフリーズ以外にも、宇宙の終わりについてのシナリオはいくつか考えられています。いいかえれば、宇宙がどんな未来を歩んでいくのかは、実はよくわかっていないのです。

宇宙がこの先どうなるのか、その鍵を握るのはダークエネルギー（暗黒エネルギー）だと考えられています。ダークエネルギーは、宇宙空間をあまねく満たしていると考えられている正体不明のエネルギーで、このエネルギーが宇宙の膨張を加速させていると考えられています。空間が膨張すると、普通、その中の物質は増えた空間の分だけ薄まりますね。しかしダークエネルギーは普通の物質とはことなり、空間が膨張しても薄まらない、すなわち密度が変わらないと考えられています。つまり空間が増えた分だけ、ダークエネルギーはどこからともなく〝わきでてくる〟わけです。

ただし今後宇宙が膨張をつづけとき、ダークエネルギーの密度が本当にまった

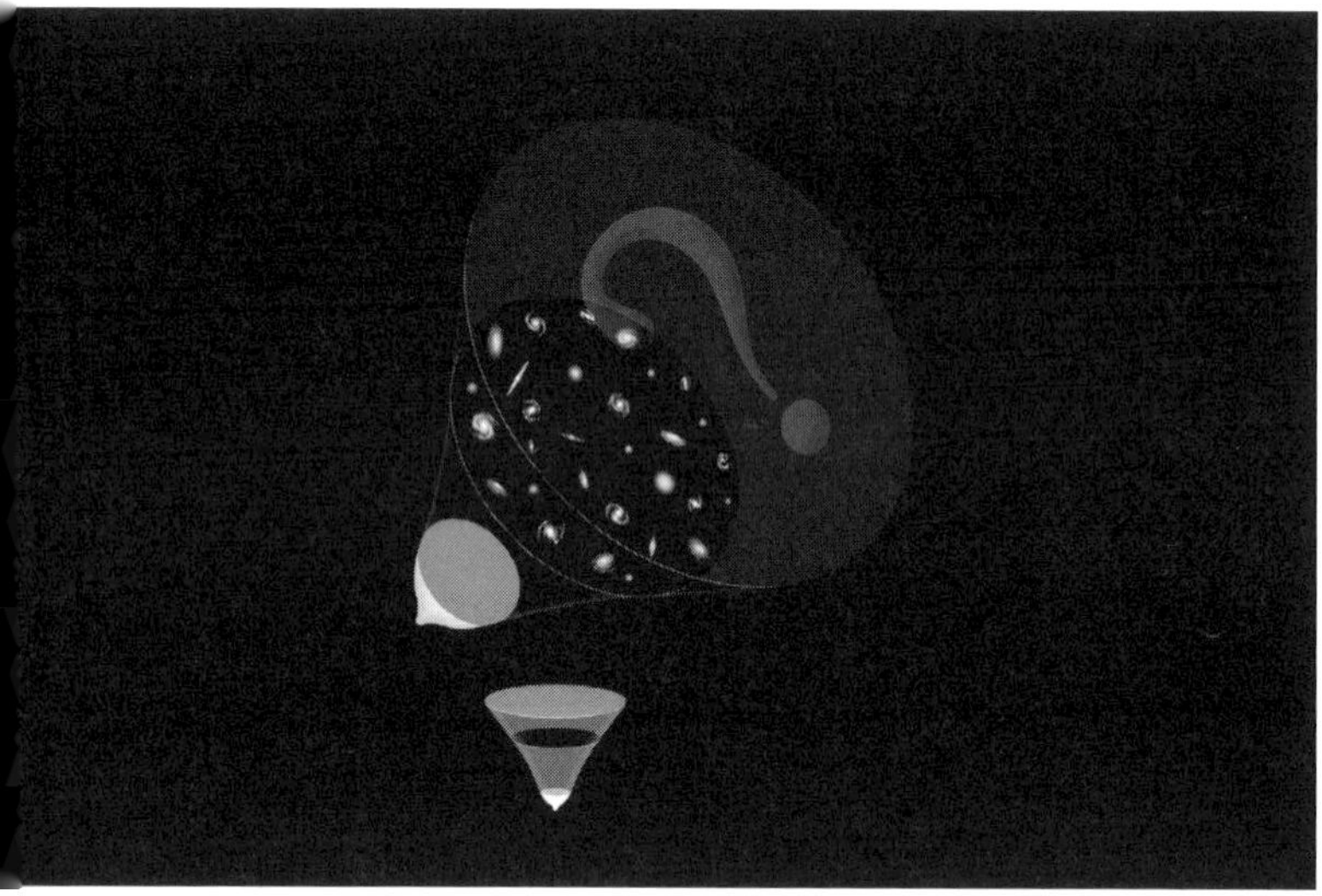

**図5-13.　ダークエネルギーの密度が一定**

加速膨張がつづく。

く変わらないのか、それともわずかに変化するのかは、よくわかっていません。これまでの天文観測によると、ダークエネルギーの変化は誤差範囲で、密度はほぼ一定のようです。しかし、より精密に測定すれば、わずかにダークエネルギーの密度が変化していることが判明する可能性もゼロではありません。

ダークエネルギーの密度によって、宇宙の運命は大きく変わります。まず、ダークエネルギーの密度がつねに一定の場合、宇宙の加速膨張は将来にわたって同じよう

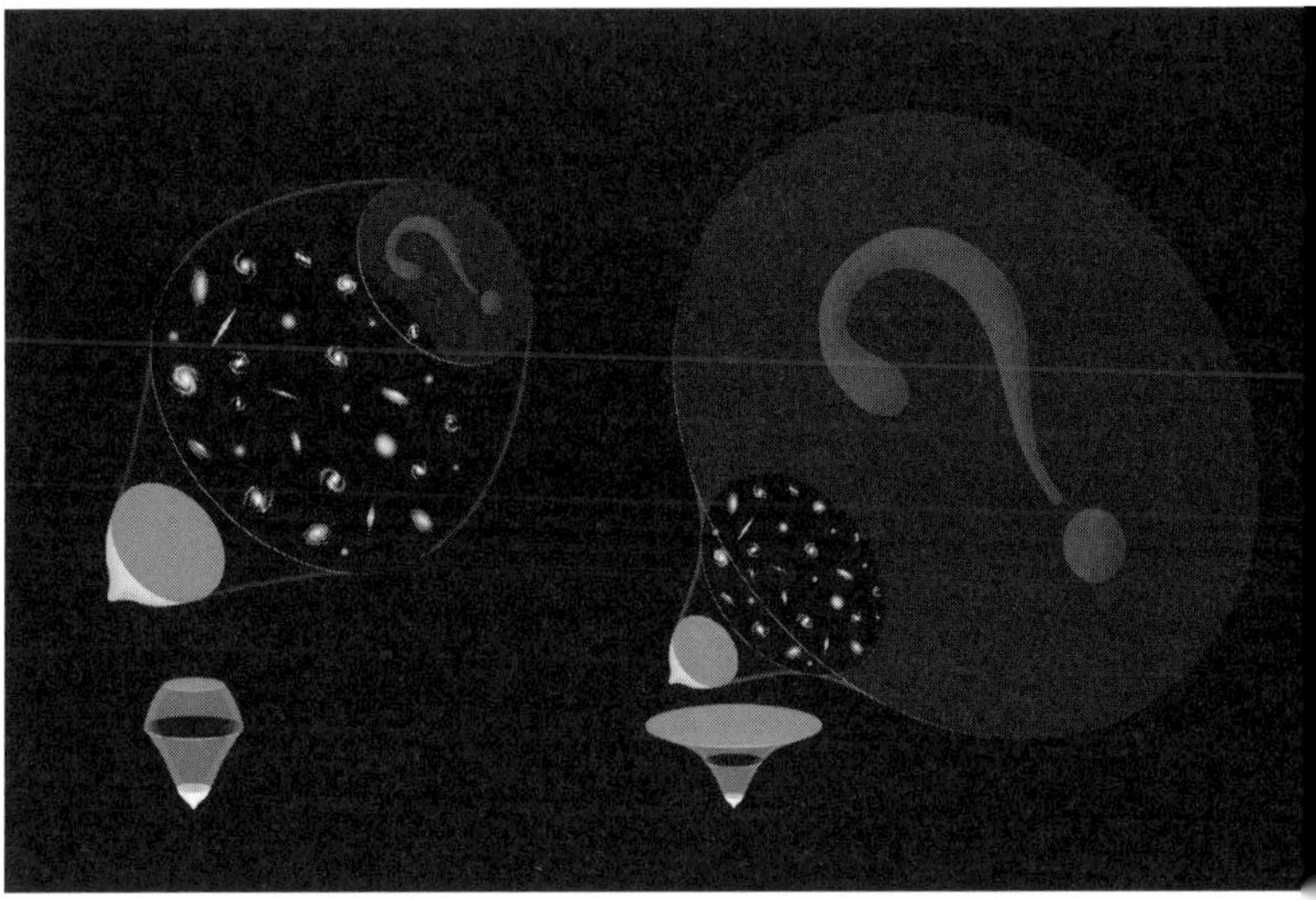

**図5-15.　ダークエネルギーの密度が減少**

**図5-14.　ダークエネルギーの密度が増加**
これまでを上まわる急激な膨張をする。

につづくことになります（図5－13）。こうしてむかえる宇宙の最期が、先ほどお話ししたビッグフリーズです。

そして、仮にダークエネルギーの密度が時間とともに増えていた場合、宇宙膨張の加速はさらにいきおいを増していくことになります（図5－14）。

逆にダークエネルギーの密度が時間とともに減っていた場合は、宇宙膨張の加速がいきおいを弱めていくことになります（図5－15）。

ダークエネルギーの密度によって、宇宙膨張の加速具合が変わり、加速の進み具合によって、宇宙の最期もそれぞれちがってくると考えられるのです。

## 宇宙は引き裂かれて終わる？

ダークエネルギーの密度が変化した場合の「宇宙の未来」についても考えてみましょう。まずは、ダークエネルギーの密度が今後増えていく場合の宇宙の未来です。宇宙の膨張についてのよくある誤解に「空間が膨張するなら、銀河団も銀河も太陽系も地球も、そして原子すらも、すべてが膨張するはずだ」というものがあります。しかしこれらはどれも膨張しません。空間の膨張の効果よりも、重力や電気的な引力によって大きさを保とうとする効果の方が勝るためです。

ですが、ダークエネルギーの密度が増えていく場合には、これが成り立たなくなります。まず、宇宙膨張の効果が、銀河団を構成している銀河どうしの重力の効果をいずれ上まわり、銀河団をちりぢりにしてしまいます。その後、銀河を構成している恒星たちもちりぢりになっていき、さらに時間が進むと、太陽系のような惑星系も膨張してちりぢりになってしまいます。さらには地球などの固体の物体も膨張して破壊され、最終的には原子や原子核すらも膨張して破壊され、素粒子レベルまでバラバラになります。つまり、私たちの体も含め、あらゆる構造が空間の膨張によって引き裂かれてしまうのです。そして空間の膨張速度は無限大に達し、宇宙は終焉をむかえます。

このような宇宙の終わりは「ビッグリップ（Big Rip）」とよばれます。リップは引き裂くという意味です。ただしビッグリップはあくまで仮説で、本当におきるのか、観測的な根拠は今のところありません。また起きるとしても、ダークエネルギーの密度がどのように増えていくによりますので、一概にはいえませんが、どんなに早くても1000億年以上は先になると考えられています。

## 宇宙はつぶれて終わるのか

最後に、ダークエネルギーの密度が減少していく場合の未来を考えてみましょう。ダークエネルギーの密度が減少する割合が小さければ、宇宙の膨張は永遠につづき、密度が一定のときに歩む宇宙の未来とあまり変わりありません。しかし減少の割合が極端に大きいと、ダークエネルギーがいずれ「負のエネルギー」をもつようになり、空間の膨張を引きもどそうとします。本来宇宙を膨張させる方向にはたらくはずのダークエネルギーが、引力の作用をもつようになってしまうのです。すると、宇宙の膨張はいずれ止まってしまうことになります。そして宇宙はその後、収縮に転じます。

ダークエネルギーが負のエネルギーをもつというのは、非常に奇妙な考え方だといえます。しかしダークエネルギーの正体が現状では不明であるため、このような可能性も理論的に考えられるのです。

宇宙が収縮していくと、銀河はどんどん合体していきます。そして銀河中心のブラックホールは銀河の星々などを飲み込んでいき、巨大化していきます。その後、宇宙は巨大なブラックホールだらけになってしまうのです。一方で、収縮にともない宇宙の温度は上がっていきます。その結果、宇宙は超高温の世界と化し、宇宙全体が光り輝くことになります。

この超高温の宇宙の中で、巨大ブラックホールどうしは合体していき、最終的

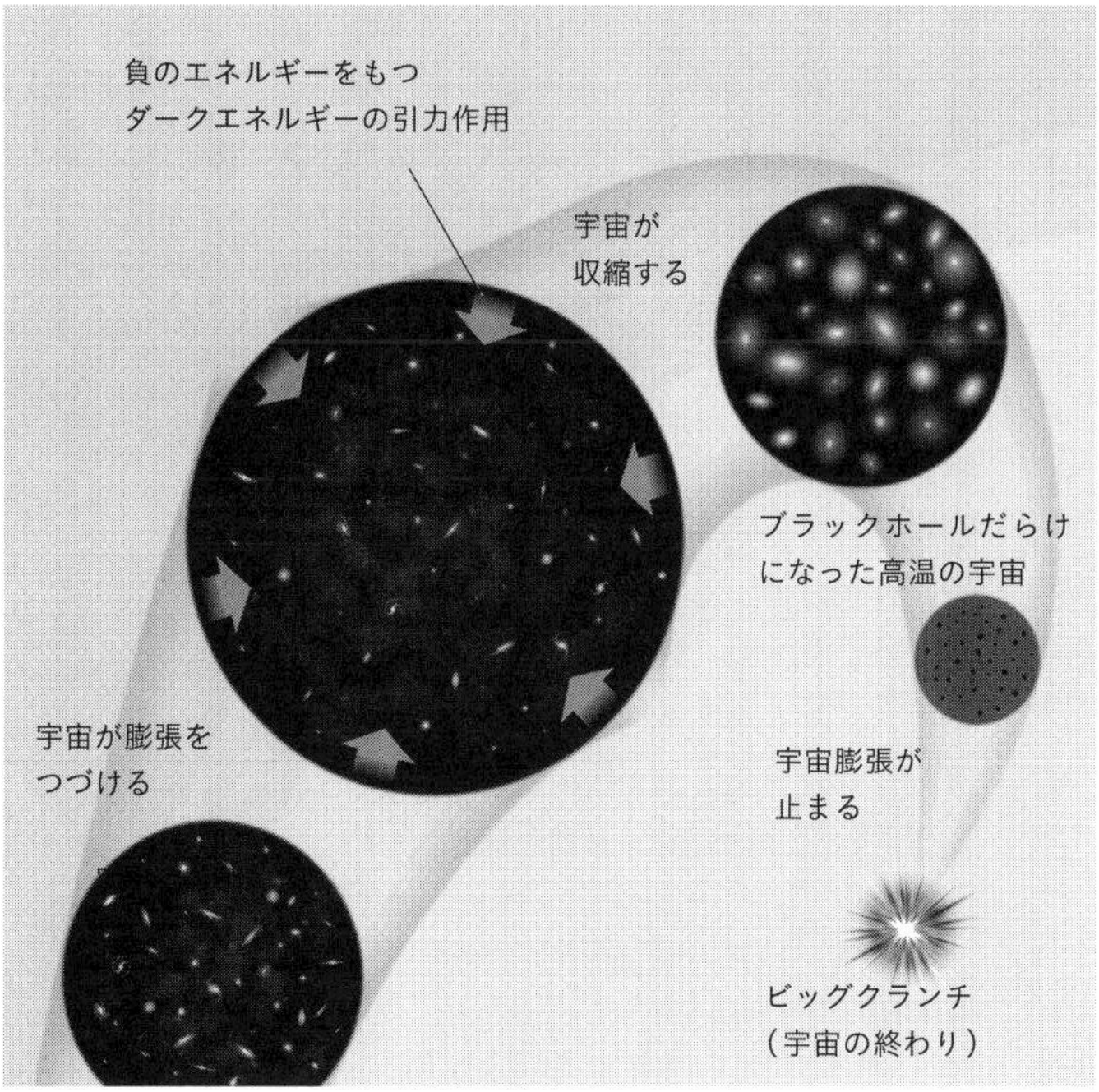


**図5-16.　ビッグクランチ（Big Crunch）**

宇宙空間全体が一点に収縮し、つぶれて終焉をむかえる。

には宇宙空間全体が一点に収縮し、つぶれて終焉をむかえます。このような宇宙の終わりは「ビッグクランチ（Big Crunch）」とよばれています（図5－16）。クランチとは「押しつぶすこと」といった意味です。

なお現代物理学では、ビッグクランチ後の宇宙がどうなるかは解明できていません。ビッグクランチ後、宇

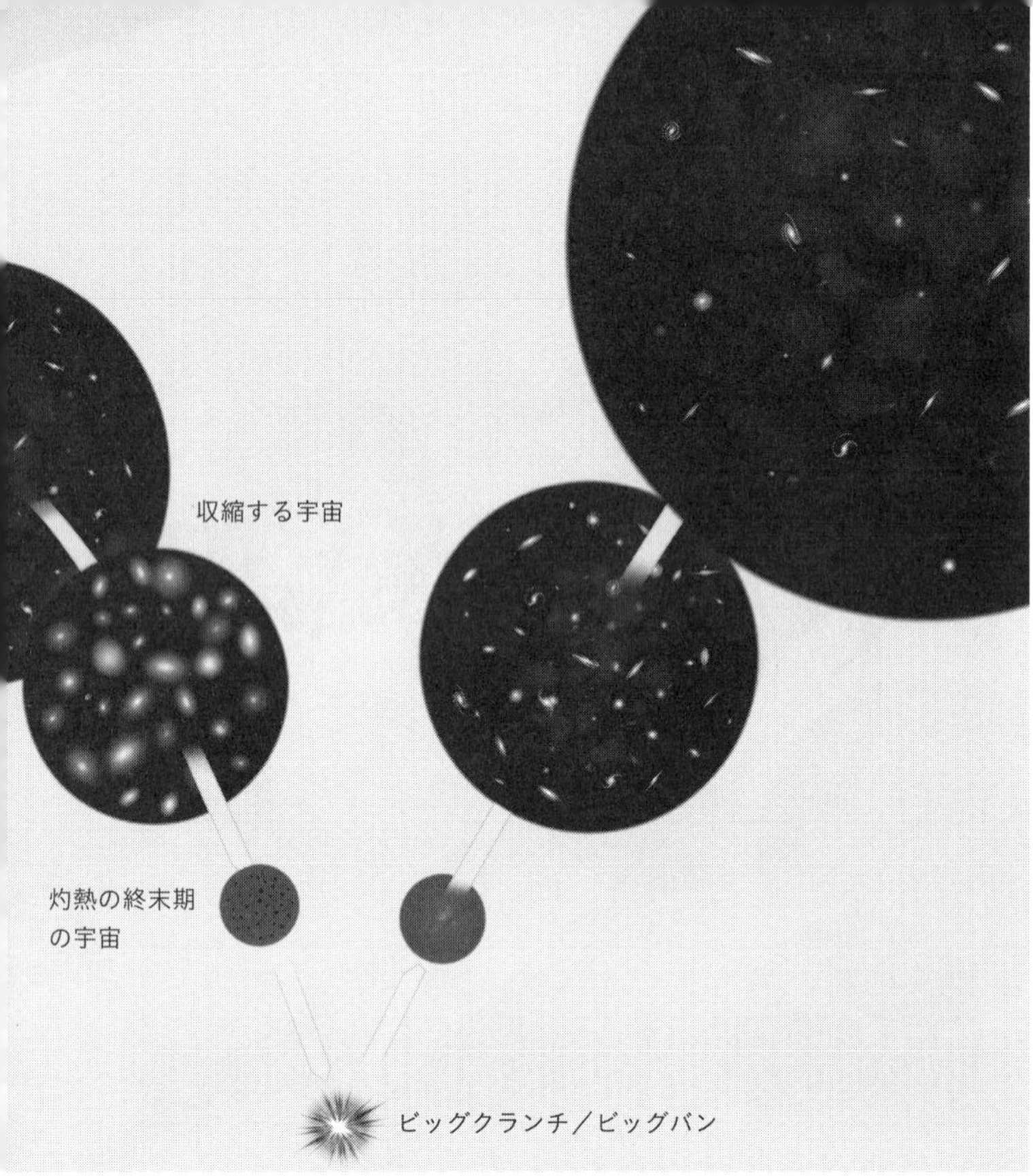


宙は〝はね返り（ビッグバウンス＝Big Bounce）〟をおこし、収縮から膨張に転じるという考え方もあります。この場合、宇宙は「ビッグバン→膨張→収縮→ビッグクランチ→ビッグバン→膨張→収縮→ビッグクランチ→……」ということをくりかえすことになります。つまり、宇宙は何度も終わりと誕生を繰り返すというのです。このような考え方は「サイクリック宇宙

**図5-17.　サイクリック宇宙論**

宇宙はビッグバン→膨張→収縮→ビッグクランチ→ビッグバン→……、とサイクルをくりかえすのかもしれない。

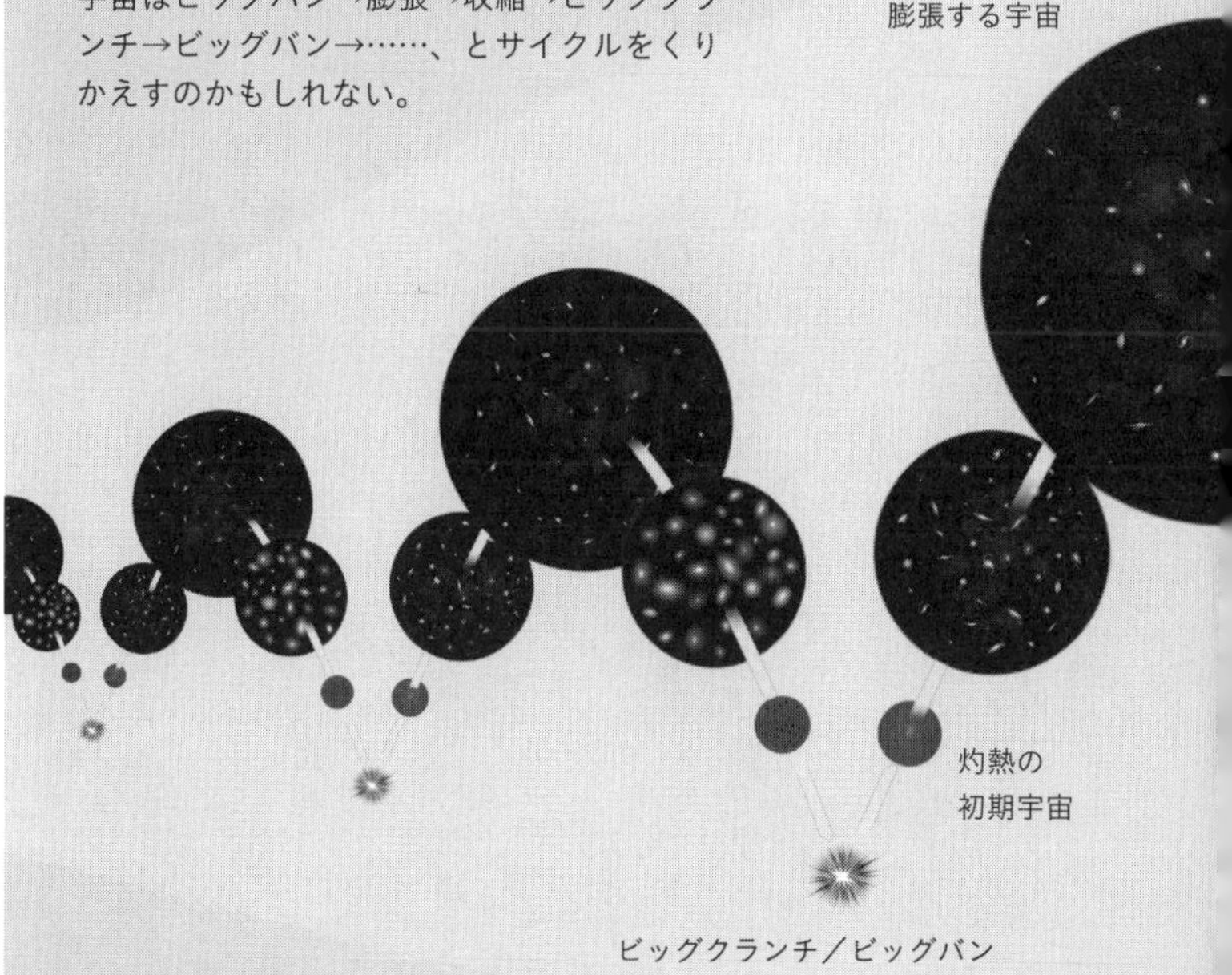


論」とよばれています（図5－17）。

しかし、これもあくまで仮説です。ビッグクランチは全宇宙が「大きさゼロの点」につぶれる現象です。大きさゼロの点の密度は、計算上無限大となります。このような点を「特異点」といいます。ですが、無限大の密度をもつ特異点では既存の物理法則が成り立たないため、特異点でその後、何が起きるのかを解き明かすことはできません。

現在、重力の理論として使われているのが、アインシュタインの一般相対性理論です。しかしこの一般相対性理論は、密度が無限大の場合をあつかうことができず、計算不能に陥ってしまいます。既存の物理学では、宇宙誕生時のように、ミクロな世界に強い重力がはたらいている状況について計算をすることができないのです。

そこで物理学者たちは、重力の理論である一般相対性理論と、ミクロな世界の物理学の理論である「量子論」を統合させることを目標にしています。一般相対性理論と量子論を統合した「量子重力理論」を使えば、特異点で何がおきるのかを解明できることが期待できるのです。

量子重力理論は未完成の理論です。しかし、その候補となる理論はいくつか提案されています。その有力な候補の一つが、素粒子はミクロな〝ひも〟でできているとする「超ひも理論（超弦理論）」です。

超ひも理論は、素粒子をただの点ではなく、ミクロなひもでできていると考える理論です。この世界にあるさまざまな素粒子の正体は、さまざまな振動をするたった1種類のひもだと考えるのです。超ひも理論は未完成ですが、完成すれば宇宙の終わりだけでなく、宇宙の誕生や、ブラックホールの中心などについて計算できるようになると予想されています。

第2章で紹介したように、宇宙誕生時もミクロな点（特異点）からはじまったと考えられています。宇宙誕生の謎を解明するためにも、量子重力理論は必要だと考えられています。物理学者たちは、量子重力理論の完成を夢見て、日々研究に取り組んでいます。

さて、いくつかの宇宙の未来についてのシナリオを見たところで、宇宙の成り立ちをめぐる旅はおしまいです。宇宙誕生から現在にいたる138億年間の歴史の壮大さや謎、そしてロマンを感じていただけたでしょうか。これからどのように宇宙の謎が解き明かされていくのか、さらなる研究の飛躍を楽しみに待ちましょう！

## Staff

Editorial Management　中村真哉
Editorial Staff　井上達彦，山田百合子
Design Format　村岡志津加（Studio Zucca）

## Illustration

表紙カバー　佐藤蘭名，松井久美
15~18　松井久美
19　岡田悠梨乃
20~21　松井久美
25　Newton Press
26　Newton Press，岡田悠梨乃
28~29　Newton Press
33　小林稔
41　松井久美
42　岡田悠梨乃
43　羽田野乃花
44　松井久美
46~50　岡田悠梨乃
55　Newton Press，松井久美
59　岡田悠梨乃
60~63　Newton Press，岡田悠梨乃
65　松井久美
67~72　岡田悠梨乃
73　羽田野乃花
74　Newton Press
76~87　岡田悠梨乃
90~91　Newton Press，松井久美
92　岡田悠梨乃
94　Newton Press，松井久美
96~101　岡田悠梨乃
102~103　Newton Press
107　松井久美
109　岡田悠梨乃
110~113　Newton Press，松井久美
117~119　松井久美
122　Newton Press
124~135　岡田悠梨乃
138　松井久美
139~145　岡田悠梨乃
146　岡田悠梨乃，松井久美
150　岡田悠梨乃
156~165　Newton Press
167　松井久美
170~176　Newton Press
178　岡田悠梨乃
179　Newton Press
180~197　岡田悠梨乃

## Photograph

95　NASA, ESA, and the Hubble Heritage Team (STScI/AURA), ESO, Bill Schoening, Vanessa Harvey/REU program/NOAO/AURA/NSF, NASA, ESA, and the Hubble Heritage Team (STScI/AURA), NOAO/AURA/NSF

**監修（敬称略）**
**吉田直紀（東京大学大学院教授）**

**Newton**
本当に感動する サイエンス超入門！
# 138億年のミステリー 宇宙はどうやってつくられたのか

2025年1月15日発行

発行人　松田洋太郎
編集人　中村真哉
発行所　株式会社 ニュートンプレス　〒112-0012東京都文京区大塚3-11-6
https://www.newtonpress.co.jp/


ISBN978-4-315-52880-0